职场人必备思维赋能手册

导图思维

张金秋 著
(Rikki)

电子工业出版社
Publishing House of Electronics Industry
北京·BEIJING

内 容 简 介

本书专门为在职场打拼的你所写，无论你处在职场的哪个岗位，一定都有着继续拼搏和奋斗的目标。那么，思维方式的不断更新、思维层级的不断提升，就是你需要持续修习的功课。

本书介绍了一种助力思维能力全面提升的工具——思维导图，"入门部分"对思维导图做了初步的说明；"工具部分"讲解思维导图的绘制技法及底层心法；"应用部分"包含了思维导图的呈现，通过思维导图制作者的自述和本书作者的点评，突出每一张思维导图值得借鉴的地方；最后的"思维部分"通过对导图思维的提炼，带领读者从掌握思维导图工具的应用到领会导图思维方式，最终实现思维能力的提升，进而成就更优秀的自己。

未经许可，不得以任何方式复制或抄袭本书之部分或全部内容。
版权所有，侵权必究。

图书在版编目（CIP）数据

导图思维：职场人必备思维赋能手册 / 张金秋著. —北京：电子工业出版社，2022.9
ISBN 978-7-121-44158-5

Ⅰ．①导⋯ Ⅱ．①张⋯ Ⅲ．①思维方法－手册 Ⅳ．① B804-62

中国版本图书馆 CIP 数据核字（2022）第 151273 号

责任编辑：张慧敏　　　　　特约编辑：田学清
印　　　刷：天津图文方嘉印刷有限公司
装　　　订：天津图文方嘉印刷有限公司
出版发行：电子工业出版社
　　　　　北京市海淀区万寿路 173 信箱　　邮编：100036
开　　本：880×1230　　1/24　　印张：14　　字数：323 千字　　彩插：1
版　　次：2022 年 9 月第 1 版
印　　次：2022 年 10 月第 2 次印刷
定　　价：109.00 元

凡所购买电子工业出版社图书有缺损问题，请向购买书店调换。若书店售缺，请与本社发行部联系，联系及邮购电话：（010）88254888，88258888。
质量投诉请发邮件至 zlts@phei.com.cn，盗版侵权举报请发邮件至 dbqq@phei.com.cn。
本书咨询联系方式：（010）51260888-819，faq@phei.com.cn。

推荐语

作为思维导图的推广者,我们一直在寻找系统全面且让学员能理解、运用的思维导图课程。认识Rikki老师非常偶然,3年前,她愉快地接受了我校的授课邀请,之后的每次课程都在升级,看得出她那种持续不断的努力,学员们为之着迷。欣闻她的作品即将出版,我能够体会这种辛劳和喜悦。Rikki老师有丰富的实践经验,我坚信这本书对职场人来说,将是一本长期有用的工具书。

陈晞　白天鹅学校常务副校长、酒店体验设计专家

Rikki老师的思维导图课程让人耳目一新,醍醐灌顶:通过学习如何画出一幅幅色彩鲜艳、形象生动的思维导图,来帮助学员体会三大思维力的妙处;通过水平思维和垂直思维的统筹运用达到结构化的思维水平,再提升至系统思维的高度。值得一提的是,Rikki老师把现代社会亟需的创新思维和技巧训练也纳入本书中,意义重大,真正实现了从思维导图到导图思维的发展。

杨万丰　金域医学集团副总裁

在快速变化的商业世界里,我们不仅需要对变化保持高度的敏锐感,还要做出敏捷的反应,Rikki老师一直在创新思维和视觉引导领域研究和探索。时至今日,她的新书出版了,非常值得一读,本书不仅让我掌握了解决问题的实用工具,而且还带给了我解决问题的创新思维,同时还有具体的应用案例,非常实用。Rikki老师既有深厚的专业底蕴,又有丰富的经验沉淀,相信通过阅读和学习本书一定会有超预期的收获!

刘俊峰　华润电力北方区人力资源部副总经理

苏格拉底说："未经审视的人生不值得过。"在获取知识途径多样化的时代，想要生命的价值升华，我们需要掌握化繁为简、抓住本质、结构流畅、深度思考的能力，这样才是审视人生的底层逻辑。而思维方式、解决问题与决策的维度、受益终身的学习习惯，是提升能力的核心。

Rikki 老师从更高的维度出发，在工作、生活、学习三大人生应用中深挖，打开提升逻辑思维力、创意思维力的大门，借助"双关心法"升华，让思绪在飞扬中绽放，做出一张给未来的思维导图。

乐文　粤港澳大湾区传统文化促进会会长

如果做不出来，那么说明你没有想明白。

如何学会做思维导图，如何学会结构思维和创意思维，并把它们组合在一起用在工作和生活中？

快拿起这本书，Rikki 老师会手把手教会你的。

彭小六　《洋葱阅读法》作者、游戏化创新教育专家

思维导图是一种工具，也是一种思维。在这本书中，Rikki 老师手把手教你怎么画及怎么用思维导图。相信看完本书后，你会习惯性地在做一件事之前，拿出一张纸，用思维导图打开你的思维，帮助你提升职场竞争力。

曹将　《高效学习：曹将的公开课》《PPT 炼成记》作者

Rikki 写的《导图思维：职场人必备思维赋能手册》这本书，无疑是"思维导图"同类书中的一枚"深水炸弹"！它不仅手把手地教你"一学就会""拿来就用"轻松画

思维导图的技巧。更重要的是，它教你如何运用导图思维力构筑你最稳固的"思维护城河"。职场竞争的核心是底层思维力的竞争，Rikki在书中教你三大底层思维力，让你轻松提升职场竞争力。

兰溪　个人IP/畅销书出版专家

Rikki老师的思维导图课程，让我和参与课程培训的同事收获的不仅是思维导图的结构、制作方法和制作思路，更多的是对我思维拓展的延伸，以及看问题的多维度思考。给我的工作和生活都带来积极的影响，希望阅读这本书的你可以收获比我更多的精彩。

秦誉铭　TCL科技集团股份有限公司组织部

思维导图是一种非常实用的思维工具。在参加Rikki老师的思维导图课程之后，我把这种思维方法用在自己的课堂中。举个例子，我发现在高管创新课上，学员能提出很多想法，但都局限在同一种思路中，我就用思维导图画出一条分支，他们马上意识到如果不能拓展出更多的分支，就算说出再多的点子也有局限性，思路一下子就打开了。这种应用可以在企业的日常运营中，帮助管理者有效地梳理想法，拓展思维的广度和深度。

Angela Kwok　资深领导力教练、讲师，卡地亚远东区前学习与发展总监

Rikki老师的思维导图课程是一场关于思维的"盛宴"。在课程中，我们不仅可以掌握思维导图的绘制技巧，还可以在Rikki老师的点评和指导下，做出合格的思维导图，更重要的是在绘制导图时，我们获得了逻辑思维的有效实践。专业的课程引导、

丰富的学习形式及精致的配套学习工具让我留下了深刻的印象。现在，《导图思维：职场人必备思维赋能手册》出版了，相信它会是职场人提升思维的好帮手。

张旭莺　百时美施贵宝领导力发展副总监

还记得我参与 Rikki 老师的第一节思维导图课的时候，被问及希望达到什么效果，我就说："希望能达到'想清楚，说明白'的目标。"通过一节完整的课程，我觉得思维导图确实是一个帮助我思考和表达的优秀工具。在工作上，有需要快速梳理结构、精简表达的工作汇报时，我基本离不开思维导图，所以感恩有幸参与了 Rikki 老师的课程。如今，Rikki 老师写的《导图思维：职场人必备思维赋能手册》要出版了，凭借 Rikki 老师近年来对视觉思考力的不断探索与实践，内容必定不会让读者失望！

何文远　某股份制商业银行支行行长

由于我是销售出身，经常需要和客户在短时间内做有效的沟通。每次和客户的沟通过程对思维和表达方式都是一次考验，一直苦于没有一种很好的工具，来帮助我进行系统化的训练、结构化的思维及形象化的表达。对 Rikki 老师的思维导图课程，一开始我只是觉得有趣，深入学习后，我发现这种思维方式能满足我的工作需要，它可以将训练、思维和表达很好地融合起来。相信这本书的出版一定会对有这方面需求的朋友有很好的启发。

曹朋　广西善智科技投资有限公司总经理

推荐序一

提升工作幸福感的思维导图法

阿姆斯特丹自由大学人力资源管理学系玛丽亚·蒂姆斯（Maria Tims）教授在《工作塑造对工作需求、工作资源和幸福感的影响》（The impact of job crafting on job demands, job resources, and well-being）一文中指出，在职场上拥有可以协助达成工作目标、刺激个人成长的各种资源，可以增加工作的幸福感。所谓的资源，包括社会、组织所提供的各种协助，以及个人的心理素质、思考方式、学习方法等。因此，无论是企业组织还是员工个人，都可以通过发掘内部资源或培训，来提高工作的幸福感。

思维导图已经被世界各国超过 2000 家的跨国企业采用，作为提升员工思考力与学习力的工具。这种工具的雏型概念源于任教于美国西北大学的认知心理学家艾伦·柯林斯在 1970 年通过他的博士论文所提出的语义网络图，后来经英国学者东尼·博赞优化之后，在 1974 年通过《大脑使用手册》（Use Your Head）一书向世人发表了可视化的思考工具——思维导图（又称为心智图）。

1989 年，我初次接触并学习思维导图之后，发现它对我的读书、学习，甚至工作绩效的提升，都有很大的帮助。为了让更多的国人可以使用这种工具，1997 年，我前往英国博赞中心参加师资培训，并开始推广这种思维工具。

工作绩效的提升，除了要有好的思考工具，思维方法更是不可或缺的因素。为了让思维导图发挥更大的效益，2004 年、2009 年，我分别回到实践大学与台湾师范大学进修，通过我的 2 篇硕士论文及博士论文对思维导图进行深入的研究，并提出应用于教育领域及职场的方法——思维导图法（心智图法，Mind Mapping）。

本书的作者张金秋（Rikki）是一位杰出的跨国企业高阶经理人，曾参加博赞中心思维导图的师资培训，是我的师妹。但是为了更加深入地掌握思维导图在职场中的应用方法，Rikki 老师于 2018 年，在苏州参加了我亲授的思维导图法职场教学师资培训班，并于 2021 年，再度学习思维导图法儿青教学师资培训班，由此可见，Rikki 老师是一位不断追求卓越的好老师。

本书内容丰富、翔实，兼具理论基础与实务应用，无论你是职场新人还是高管，对你来说，这都是一本非常实用的工作指南，可以很好地提升工作幸福感。Rikki 老师以本书助你职场成功，我非常乐意推荐之！

孙易新　博士

2022 年 4 月 2 日

推荐序二

你好，我是笔记侠创始人兼 CEO 柯洲。2015 年，我创办了笔记侠——新商业知识共享社区，截至目前，笔记侠拥有数百万个微信公众号用户，其中包含大量的创业者及企业家，全网用户超 500 万个，笔记侠连续几年位居微信识力榜等各种榜单前列。

笔记侠的理念是"拯救的不只是知识，还有时间"，笔记侠微信公众号在过去 6 年中，连续 2000 多天不停更新，为决策、管理者分享前沿的、具有价值的新商业知识，助力他们进行企业经营与管理，并且节约了他们获取知识和筛选知识的时间。我们是如何做到的呢？

长期以来，笔记侠与全国各地知名的商学院、大会、机构，以及专家、老师建立了非常好的合作关系。另外，专业的内容产出能力和全年不断更新的高效出品能力，离不开内部编辑的高效协作，还有 4300 多位笔记达人助力，这是一群热爱商业内容、喜欢深度学习的伙伴，用自己擅长的方式助力新商业的传播与发展。

简而言之，笔记侠通过全国 4000 多位笔记达人来进行知识的整理。

Rikki 就是其中一位优秀代表，我与她相识于 2018 年，当时她在从事与视觉培训相关的工作，在笔记侠公众号发表了数篇视觉笔记作品，后来成为笔记侠的视觉笔记分舵舵主，曾带领几十位伙伴交流视觉思维，共同进步。Rikki 连续 4 年作为笔记达人代表，参与罗振宇《时间的朋友》跨年演讲现场视觉笔记的制作，其作品深受广大用户喜爱。

这几年，看到 Rikki 将视觉思维的教学做得越来越棒，创办了个人品牌"壹页天地®"，开发了多门课程，而背后是她强大的创新视觉思维能力的不断升级，也是笔记达人"雕琢自我，普惠他人"的精神载体。

思维导图的用途之一是用可视化的方式呈现笔记，其背后的思维能力是很重要的。

看到这本《导图思维：职场人必备思维赋能手册》，我感到很惊喜。思维导图作为一款非常实用的工具，被广泛地应用于工作、生活和学习中，很多 500 强企业也在学习思维导图。Rikki 多年来在创新视觉思维领域的探索中，汲取多门课程的精华，完成了此书的创作，本书的侧重点也将思维导图从工具层面上升到了思维层面。

本书从思维导图本身的特点出发，结合视觉思维，以图文并茂的形式，帮助你掌握并应用导图思维，高效工作、学习与生活，并实现知识的积累。这种能力可以用在会议洽谈、培训、咨询、写作、阅读、科学研究，以及一切与办公相关的场景中。本书有丰富的真实场景应用，可即学即用，推荐大学生及职场人士阅读。

让思维导图成为你大脑的延伸、手的延伸、眼睛的延伸，从而让你更高效地工作和生活。

现在就开启你的导图思维之旅吧。

柯洲
2022 年 4 月 10 日

自序

当我说思维导图时，我到底在说什么

说到"思维导图"，你的脑海中会浮现出什么样的画面呢？是像图1中上图所示的软件制作型信息结构图呢，还是像图1（下）中所示的手绘型视觉引导图呢？

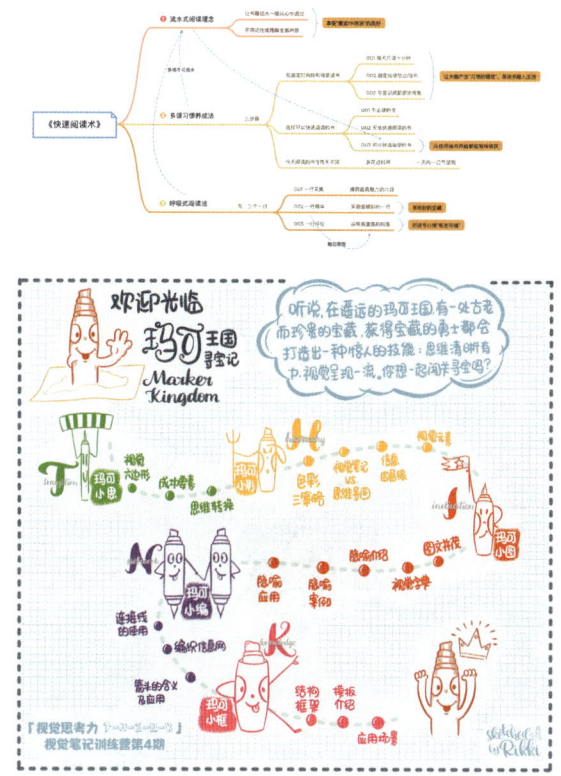

图1　信息结构图（上）与视觉引导图（下）

图1展示的是思维导图吗？可能你已经注意到了，对于图1中的两张图，我分别用了"信息结构图"和"视觉引导图"这两种说法，所以言下之意是，以上两张图都不是思维导图。

"啊？我一直把这两种图都叫作'思维导图'呢！"

"究竟什么样的图才是'思维导图'呢？"

那么，当我说思维导图的时候，我到底在说什么呢？

一、当我说"思维导图"时，我在说一种笔记工具

我是一个非常会记笔记的人，不仅速度快，还会用文字的不同大小、色彩、高光来标记不同的段落和需要突出的重点，从上小学开始，我记的笔记就经常被同学借去复印，这让我一度为自己记的笔记而自豪。

当我接触思维导图之后，就慢慢地在一次次的运用过程中理解了线性思维和发散性思维的区别。用思维导图来记笔记，可以让一张图囊括所有的信息，并随时整理信息之间的关系，提升自己的逻辑思维力，如图2所示。

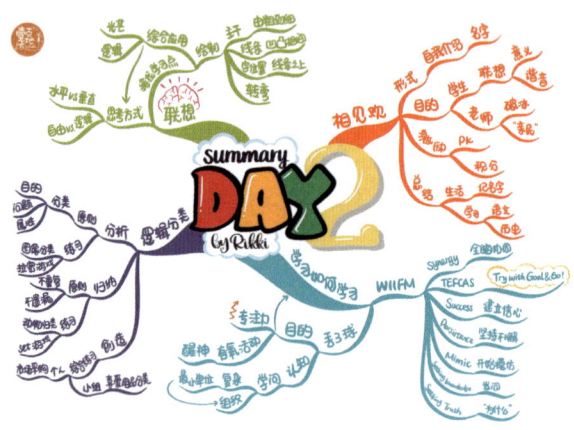

图2　一张梳理全天课堂笔记的思维导图

因为经常运用思维导图来整理笔记，所以领导和同事都认为我是一个思维敏捷、逻辑清晰的人，这大概就是对思维导图工具应用习惯之后潜移默化的结果吧。

二、当我说"思维导图"时，我在说一种阅读工具

阅读是我的一种爱好，从小我就喜欢看各种书，近几年来，尤其喜欢看思维类、模型类、哲学类的书。我家里的书几个书架都不够放，不过也并不是每本书都看完了或吃透了，所以曾经有一阵子我一直在思考这样的问题：究竟怎样读书是高效的？怎样进行主题式整合？怎样真正萃取精华并为我所用？

在开始应用思维导图之后，我便将思维导图与阅读结合起来。如图3所示，我不仅用思维导图对所读过的每一本书做了读书笔记，还将同主题的不同书籍的内容做了主题式整合；也对书中的重点知识进行了拆分应用练习；还用这样的方式提取出了自己的观点，并慢慢对观点进行培育，让它们有更多的实践应用和案例支持，最终积累沉淀为一个完整的内容体系，也就是大家

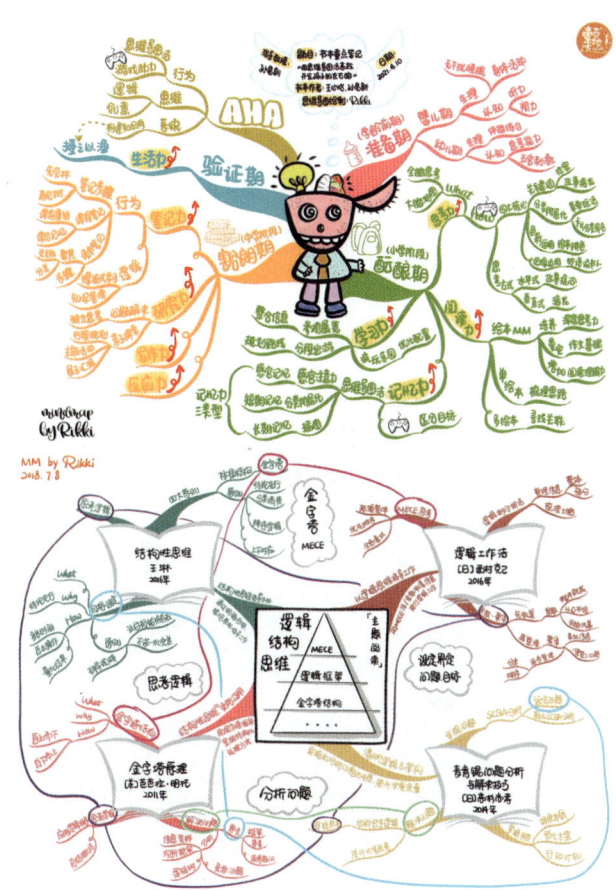

图3 单本书阅读笔记（上）与同主题多本书阅读笔记（下）

看到的这本《导图思维：职场人必备思维赋能手册》。后续我还会有更多的书籍作品与大家见面，我仍然用这样的方法慢慢积累观点，并培育它们长大至成熟。

三、当我说"思维导图"时，我在说一种创意工具

身边的小伙伴们都说我是一个想法特别多的人，很多人喜欢在不知道怎么办的时候来找我聊聊、听听我的想法，而我也能不负所望，甚至在不知道背景的情况下，给出让人满意的想法。

当复盘这个过程的时候，我会发现，其实我在思考问题的过程中，脑海里已经在不自觉地、习惯性地绘制一张图，一张由中心的目标问题开始，不断向外延伸的没有边际的图。在这张图中，出现了太多的关键词和关联事件，让我可以在已有的内容中探索各种未知的知识，如图 4 所示。因此，创意对我来说，完全不是一件难事。

本书的第 5 章将会向大家介绍创意双钻模型，让你跟我一样在练习之后轻松掌握这种创意方式。

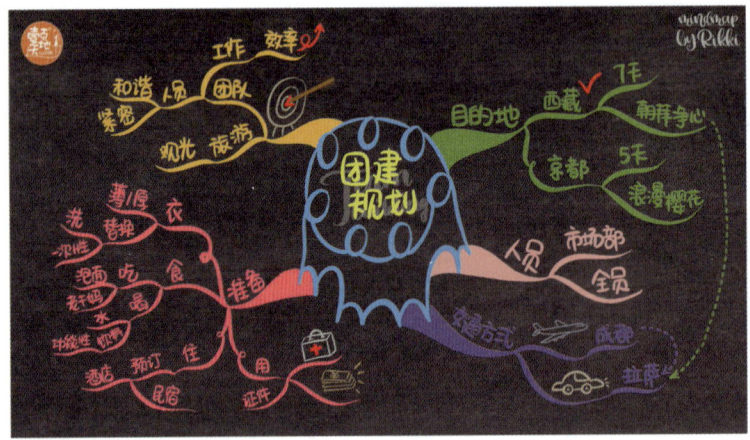

图 4　头脑风暴讨论创意团建

四、当我说"思维导图"时，我在说一种学习方法

长期练就的优秀的记笔记的习惯，让我的学习非常高效，成绩也一直不错。自从我上大学之后，学习任务不再那么繁重了，同时考试压力也小了，我对学习开始有了新的认知，也开始重新思考和探索"学习方法"的主题。

我开始发现，以前的学习其实是建立在"刻苦"基础上的，我"刻苦"学习的表现是什么呢？认真听课和做笔记，通过对笔记内容的预习、复习，认真地在"题海"中刷题，其实这些动作都是在保证我对所学的固有知识的掌握，风险是有可能对"换了马甲"的一道旧题，无法做到举一反三、触类旁通。

在开始用思维导图记笔记之后，我刻意去发掘在思维导图不同分支之间的知识关联，在一门学科的整个知识体系之中寻找整体的架构和底层的逻辑，这让我对知识的理解更加灵活、透彻，能一眼看穿本质，这样的学习才是有效的、系统的。中学政治课部分内容学习整理如图 5 所示。

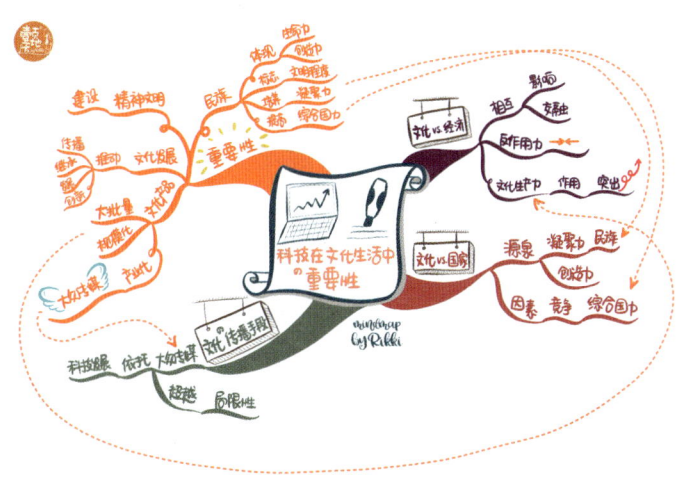

图 5　中学政治课部分内容学习整理

五、当我说"思维导图"时，我在说一种工作方法

工作之余，思维导图更是我的一项"法宝"，我用它整理工作项目、规划新产品发布会、安排全国性市场活动、举办销售大赛等，可以说这个工作方法让我在做任何工作时，都能做到笔下有图、心里有框、脑中有计。多年来，我一直在公司内部业绩评分最高，项目完成最佳。

2019 年年初，我结束了十几年的外企打工生涯，开启了创业之路。思维导图从有形到无形，一直陪伴我度过创业的不同阶段。我把它运用在设计创业蓝图的整体框架、规划每一年的运营方案、设计每一门课程、整理每一个咨询项目、参加每一次演讲等各个大方向和小细节上，一周计划思维导图如图 6 所示。目前，我的个人品牌"壹页天地®"和培训咨询公司都在稳步发展中。

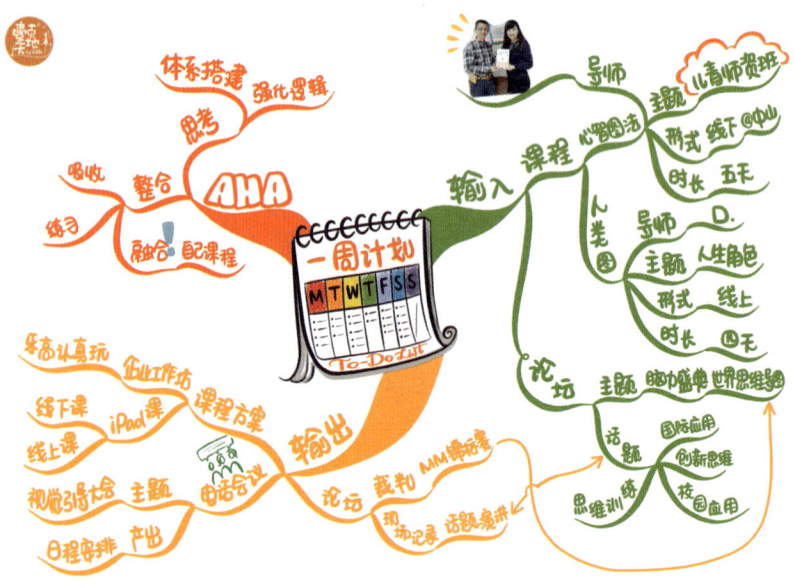

图 6　一周计划思维导图

六、当我说"思维导图"时,我在说一种生活方法

除了学习和工作,每一天我们其实也可以用这样的工具和方法让生活变得更加有趣、让家庭关系变得更加和谐。

我每年都在女儿生日当天绘制一张思维导图,作为送给她的生日礼物,如图 7 所示。内容包含对过去一年的回顾和对未来一年的展望,待她慢慢长大,学会画画和写字后,我也让她参与这个创作过程,跟她一起回顾过去和规划未来。这张思维导图已经变成了她每年生日很期待的礼物,因为这张思维导图包含着妈妈对女儿深深的爱,以及母女共同创作的智慧。

我经常在学员做的思维导图中,看到旅游行程的规划、家中装修的安排等,当你把思维导图用在生活中的时候,说明你在以更用心的方式对待生活,而生活品质的提高就是给你最好的反馈。

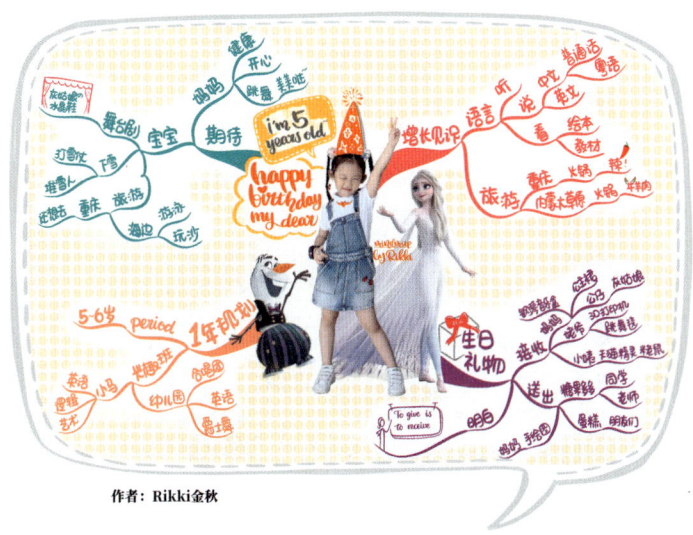

图 7　女儿五岁时的思维导图生日礼物

七、当我说"思维导图"时，我在说一种思维方式

从对思维工具的熟悉到对思维方法的掌握，从有形到无形，最终转化为我们的思维方式。这是一种什么样的思维方式呢？

这是一种全景视野。看到这张思维导图就看到了整个"故事"的全貌，不论项目处在哪个环节、不论哪个细节出现偏差，都能一眼看到要点、找到方向，这让参与者可以有足够的安全感和把握全局的控制感。

这是一种全局框架。这样的全局框架，可以帮助我们不会"先见树木再见森林"。人们总是容易在做事情的时候关注事情的细节，而忽略了自己是否处在正确的方向上。思维导图可以帮助我们梳理清楚事情的框架和方向，随时提醒我们自检是否在正确的方向上努力，否则，方向不对，努力白费。

这是一种逻辑结构。思维导图之所以可以从中心向外不断扩散，依托的是其一层层的信息层级，有逻辑的层级结构既可以让信息的发散"有法可依"，又可以让创意的生成"有章可循"。逻辑结构是思维导图中的精髓部分，结合关键词的使用，会让你达到非常惊讶的思维效果。

这是一种创意路径。在逻辑和创意的共同作用下，思维从一条直线发散成了如开屏孔雀的尾巴形状，可以无限展开且精美绝伦。

这种思维方式就是在应用思维导图并形成方法之后的思维方式——**导图思维！**

当我说"思维导图"时，我就是在说以上七个层面的内容。现在集齐"七颗龙珠"，准备"召唤神龙"！

欢迎你，跟我一起探索导图思维的世界，我们一起出发！

前言

很多对思维导图感兴趣的朋友或实践者，经常跟我探讨一个问题，那就是，用软件来做思维导图是一件很简单的事情，一般看一下软件的操作说明就很清楚了，那么，为什么还要专门买本书来学习呢？因为这是"工具"和"思维"的区别，本书的写作初衷就是让大家在学会用思维导图之后，可以向导图思维方式进阶，让这种工具为导图思维的建立、成形和优化做准备、打基础，从而成就更优秀的自己！

本书的四部分内容包括"探秘思维导图""思维导图激活三大思维力""思维导图的典型应用场景""从思维导图到导图思维"。

本书的"探秘思维导图"部分，向读者朋友介绍了什么是思维导图及为什么要用思维导图，并建议以提升思维能力为目标的读者，可以从现在开始建立属于导图思维的三种意识，这三种意识分别是发散思维意识、视觉引导意识及系统网络意识。

本书的"思维导图激活三大思维力"部分，是我为思维导图专门创作的一套获得国家版权认证的内容。其中，三大思维力分别是视觉思维力、逻辑思维力及创意思维力。这三大思维力中的"5指"绘制技法、"双关"逻辑心法，以及独特而有趣的创意方式，为大家学习思维导图增加了乐趣，有效地促进了大家对内容的理解和应用。

本书的"思维导图的典型应用场景"部分为思维导图在不同场景中的应用。这是本书非常有特色的部分，其通过思维导图作品向大家展示了不同行业、不同年龄的人群，在不同的应用场景下对思维导图的应用。书中展示的思维导图是我和我的思维导图线下认证班的学员所作。这些学员在完成认证课学习后都会获得一个月的思维导图一对一辅导，其中包括对思维导图作业的详细点评。现在，我把这样的点评"搬"进书里，将成为本书最具特色和最有价值的部分之一。由于篇幅的限制，每张思维导图仅对关键点提出建议，若大家还有其他疑惑，欢迎与我进行深入探讨。

　　本书的"从思维导图到导图思维"部分为思维导图高阶思维训练。这部分内容是本书区别于市面上其他同类书籍的重要标志，因为在这一部分中，我提出了从"工具"向"思维"进阶的内容，以满足思维导图"高阶玩家"及想在思维导图领域继续深入学习的读者朋友们的需求。首先，我提出了导图思维这个概念并做了应用介绍，以一张自我介绍的思维导图为例，向大家展示了如何用导图思维实现螺旋式提升的个人成长。其次，我介绍了导图思维在职场中的应用。应用导图思维方式去处理问题，非常容易鹤立鸡群，与其他人拉开思维层级的差距，从而逐渐形成一种"总裁式思维"（本书第 11 章将会详述"总裁式思维"的概念）。最后，我提出了"做一份给未来的思维导图"，用系统化的理念，让导图思维指导着思维导图形成一个体系，并使这个体系持续、有效地为我们的思维成长服务。

　　另外，很多读者朋友是通过在各种媒介上看到我的电子版思维导图而认识我的，所以在本书的结尾，作为一个小福利，我为大家准备了关于电子版手绘思维导图的相关内容。本书在对纸笔手绘思维导图、电子版手绘思维导图与电脑软件思维导图做了对比说明之后，也专门对 iPad 手绘思维导图的技巧做了介绍，希望能让大家了解到更多有效的思维导图呈现方式。

　　在写作本书的过程中，其内容不断更改，特别感谢责任编辑张慧敏老师的支持和指导，使本书得以与大家顺利见面。另外，感谢我的认证班学员，他们提供的思维导图优秀作品丰富了本书的内容。最后，感谢我的家人在本书创作过程中的耐心陪伴和尽力支持。正是因为有了大家的付出才有了这本书更多的精彩！

　　祝愿所有的读者朋友通过阅读本书可以有很大的收获！

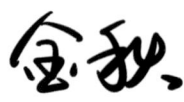

2022 年 1 月

目录

入门部分　探秘思维导图

第 1 章　什么是思维导图 002
　　1.1　人类的语言 003
　　1.2　了解你的大脑 005
　　1.3　思维导图常见的认知误区 008
　　1.4　思维导图的定义 014
　　1.5　本章小结 016

第 2 章　为什么用思维导图 017
　　2.1　全脑思维：就是让你看到我 018
　　2.2　全景思维：思维导图让我们一览全局 019
　　2.3　思维导图助力有效记忆 021
　　2.4　激活三大思维力 025
　　2.5　开始建立意识 026
　　2.6　本章小结 028

工具部分　思维导图激活三大思维力

第 3 章　视觉思维力 030
　　3.1　"5 指"绘制技法 031

3.1.1　一心一意中心图 033
　　　3.1.2　两全其美散分支 040
　　　3.1.3　三足鼎立关键词 048
　　　3.1.4　四通八达寻关联 059
　　　3.1.5　五彩缤纷添插图 064
　3.2　视觉思维力快问精答 069
　3.3　本章小结 072

第 4 章　逻辑思维力 074

　4.1　思维导图"双关"心法 075
　　　4.1.1　关键词 076
　　　4.1.2　关联性 080
　4.2　逻辑思维力快问精答 090
　4.3　本章小结 095

第 5 章　创意思维力 096

　5.1　如何展开创意思维的翅膀 097
　　　5.1.1　垂直思考让思绪飞扬 097
　　　5.1.2　水平思考让思绪绽放 099
　　　5.1.3　垂直思考 + 水平思考的综合应用 103
　5.2　创意思维力快问精答 108
　5.3　本章小结 111

应用部分　思维导图的典型应用场景

第 6 章　组织型思维导图 114

6.1　学习应用 115
- 6.1.1　学习笔记 116
- 6.1.2　复盘 132
- 6.1.3　亲子互动 152

6.2　工作应用 160
- 6.2.1　会议记录 160
- 6.2.2　工作室介绍 162
- 6.2.3　项目梳理 164

6.3　生活应用 166
- 6.3.1　日记 166
- 6.3.2　旅游 172
- 6.3.3　节假日 174

第 7 章　互动型思维导图 180

7.1　学习应用 181
- 7.1.1　自我介绍 182
- 7.1.2　团队头脑风暴 186
- 7.1.3　亲子学习 190

7.2　工作应用 196

7.2.1　投资项目讲解 196
　　7.2.2　乡村项目规划 198
　　7.2.3　组织经验萃取推广 200
　　7.2.4　职业生涯规划咨询 202
7.3　生活应用 204
　　7.3.1　对话 204
　　7.3.2　生日礼物 208

第 8 章　创新型思维导图 210

8.1　学习应用 211
　　8.1.1　课程方案规划——幼儿园 212
　　8.1.2　课程方案规划——小学 214
8.2　工作应用 216
　　8.2.1　创意演示汇报 216
　　8.2.2　高效会议共创 220
　　8.2.3　创新课题研究 222
　　8.2.4　创意标语共创 224
8.3　生活应用 226
　　8.3.1　规划生日会 226
　　8.3.2　创意影评 228
　　8.3.3　创意厨娘 230

　　　　8.3.4　增进亲密关系 232
　　　　8.3.5　相亲不尬聊 234

思维部分　从思维导图到导图思维

第 9 章　导图思维：交响系统思维模式 237
　9.1　导图思维的"三个力" 238
　　　　9.1.1　设计力——形 238
　　　　9.1.2　交响力——神 239
　　　　9.1.3　思考力——聪明思考秘籍 241
　9.2　用导图思维思考问题 243
　9.3　视觉引导式思维导图 249
　9.4　本章小结 255

第 10 章　导图思维提升个人学习力 256
　10.1　优秀思维者的学习闭环 257
　10.2　螺旋式提升的个人成长 261
　10.3　本章小结 265

第 11 章　导图思维强化职场竞争力 266
　11.1　收放自如的全脑思维 267
　　　　11.1.1　导图思维双钻模型 272
　　　　11.1.2　思维技巧总结 278
　11.2　建立你的"总裁式思维" 279

11.3　职场常见问题的分析与解决模板 284
11.4　本章小结 287

第 12 章　做一份给未来的思维导图 288

12.1　未来的思维导图 289
　　12.1.1　什么是未来的思维导图 289
　　12.1.2　可持续发展的思维导图 291
　　12.1.3　绘制你未来的思维导图 294
12.2　电子版手绘思维导图 296
12.3　本章小结 308

后记 309

入门部分

探秘思维导图

　　思维导图经常被用来做信息梳理的笔记、做"头脑风暴"的记录、做思考过程的梳理，那么，思维导图到底是一种笔记工具还是创意工具，抑或是思维工具呢？

　　在本书第一部分，我将带你探秘思维导图。首先我们将了解到思维导图背后大脑的秘密，发现三种思维导图常见的认知误区及了解思维导图真正的定义；其次，我们将通过四个方面明白"为什么思维导图是一种如此有效的工具"；最后，让我们建立起三种意识，开启思维导图助力下的思维提升之旅。

　　如果你是思维导图的新手玩家，就用这一部分的内容来认识一下这种强大的工具；如果你是思维导图的爱好者、实践者，那么就从这一部分的内容中探秘一下，哪些信息给你带来了对于思维导图的全新认知吧！

第 1 章
什么是思维导图

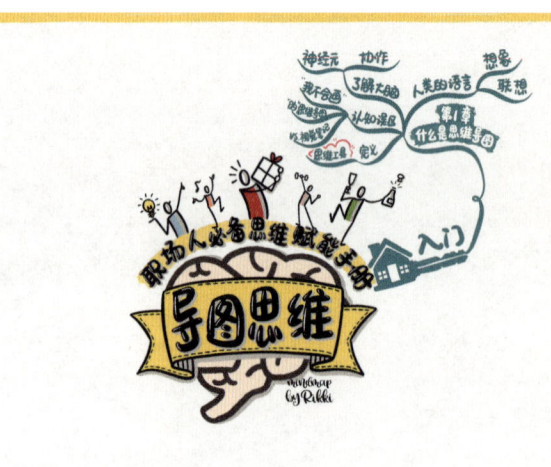

1.1 人类的语言

把"人类的语言"这一部分内容作为本书第 1 章开头的内容,是想用我写的第一本思维导图书籍纪念思维导图的发明人——东尼·博赞先生。在本书写作的过程中,正值东尼·博赞先生逝世三周年,在此也用本书表达对东尼·博赞先生最深的敬意。

东尼·博赞先生曾经在一次 TED 演讲中向现场的观众提问,这个问题也同样在他亲授导师班的课堂上问过我们。东尼·博赞先生问:"现在我说出一个词,看看你们先想到的是什么?"随后他说了一个词——"香蕉"。

大家开始纷纷回答:"黄色""香蕉的样子""香蕉树""猴子""菲律宾""滑倒""娃吃香蕉"。大家越想越开心,越想思维越发散。东尼·博赞先生说:"太好了!你们说的这些都是有色彩、有联想的各种画面!"随即他又问道:"有没有人想到的是'香蕉'这两个字?"大家愣了一下,纷纷摇头。

东尼·博赞先生说:"看,你们愣了一下代表你们刚才没有想过这两个字,我刚才说这句话的时候,这两个字才进到你们的脑海里。你们想了一下,于是便愣了一下才回答我的问题。所以,欢迎大家成为人类的一员!因为,这才是人类大脑真正的运作方式。"

图像的生成与发散联想、颜色、多种感官联系在一起，因此大脑运作的两个关键词是想象和联想。

然后，东尼·博赞先生又追加了一个问题："大家讲的都是什么语种呢？""英语、印度语、德语、丹麦语、法语……"现场的回答五花八门，"不！"东尼·博赞先生突然打断了现场回答问题的观众们，他说："我们都有一个共同的语言，它是想象力以及多种感官联想，它是人类的语言，那正是人类所有创造力、所有思考的起源，那也是思维导图产生的方式。"

所以，在思维导图的发明人东尼·博赞先生看来，**思维导图可以帮助人们展开想象和联想**。这是思维导图作为一种发散性思维工具可以发挥其巨大能量的根本所在。

图 1-1 所示为达尔文的手稿。手稿不仅以图文并茂的形式，让记录的内容更容易被记忆和理解，而且我们惊喜地发现，思维导图的发散式结构，已经出现在达尔文的手稿中。

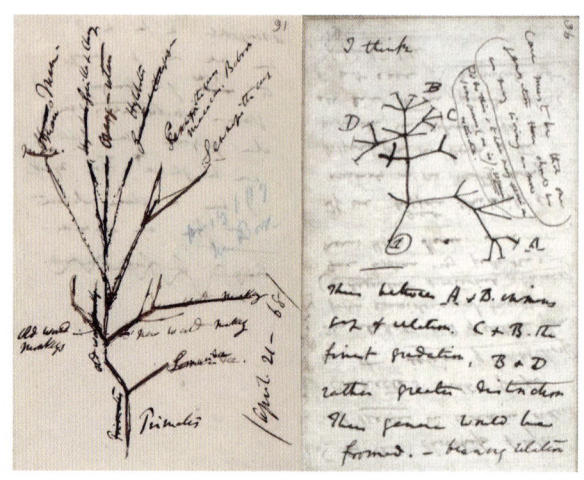

图 1-1　达尔文的手稿

所以，思维导图的应用是由来已久的吗？这种能力是与生俱来的吗？先一起来了解一下我们的大脑吧！

1.2 了解你的大脑

1. 大脑神经元

即使我们并不是医学专业出身，也大抵能认得图 1-2 中显示的是我们大脑中的神经元。你会发现，其实神经元的形状与思维导图的形状看起来很相似！没错，神经元的每一个胞体（每一个圆圆的结点）都像是思维导图的中心图，而每一条树突（细胞核向外发散的树枝状部分）都像是思维导图的分支线条。

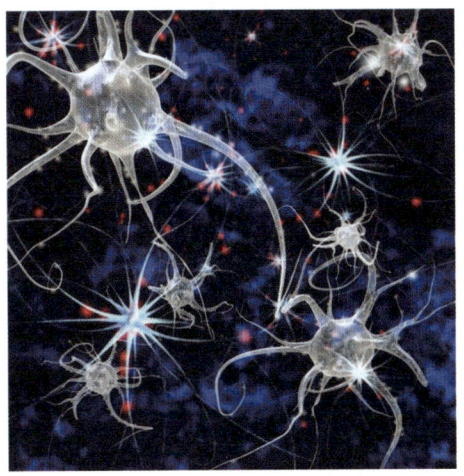

图 1-2　神经元

从图 1-3 所示的图片可以看出来，植物的生长也呈现出从某个结点向外发散的形式，或是呈现出树枝状往外一层一层地伸展开。这都像极了思维导图中信息的展开形式,它们都是大自然的思维导图。

图 1-4 所示为人类的心脏形态。如果把心脏看作一个中心图,那么大动脉就是主干分支,一层一层地向外伸展开,输送血液到人类全身的血管,包括到达细微的毛细血管。

图 1-3　蒲公英的形态及叶片的发散式生长脉络

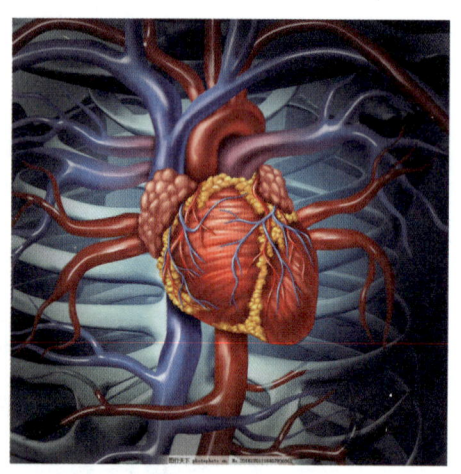

图 1-4　人类的心脏形态

不论是自然界的其他生物,还是我们人类本身,都有一定的结构,其结构都呈现为从一个中心点向外树状发散的形式。所以,很多人会觉得思维导图是一种很简单的工具,不需要学就会画,拿起笔来照猫画虎就能画成一张有模有样的思维导图。这都是因为思维导图的发散形式,模仿了在人类思考时神经元建立连接的过程,于是我们觉得思维导图的生成如此自然。

在听过我的思维导图认证课之后,经常有学员在同期班的群里分享一些旅游途中拍的照片和平时随手抓拍的照片,如图 1-5 所示,我问道:"大家看这棵树 / 这个构造像思维导图吗?"然后就有学员打趣问道:"想不想在树杈上写个关键词呀?"大家都说思维导图的模型已经深入思维了。其实这是一个特别好的现象，说明大家已经开始带着思维结构看世界，以解构的视角、分析的视角看世界了，这便已经升级为一种思维模式。

图 1-5　认证班学员在旅游途中发现的形似思维导图的树杈

2. 协作的发生

众所周知，我们的大脑分为左脑和右脑，左脑主要负责逻辑、语言、数据等理性处理的内容，所以左脑又被称作抽象脑、学术脑。而人类的右脑主要负责图像、音乐、想象等与感性相关的内容，所以右脑又被称为艺术脑、创造脑，如图 1-6 所示。

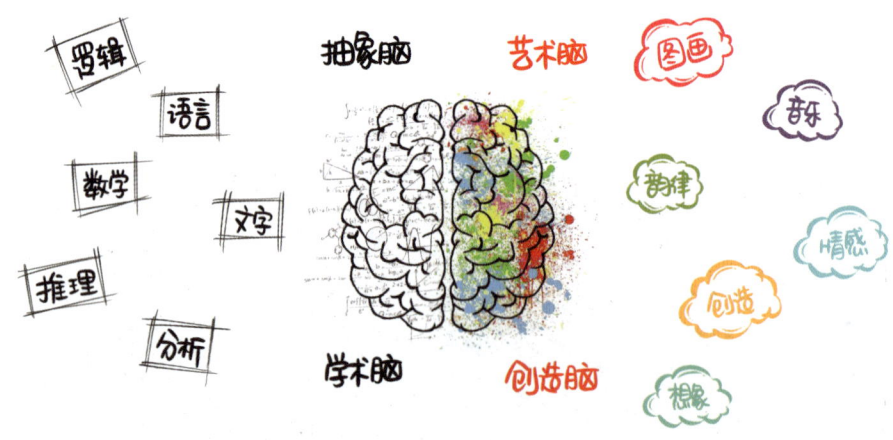

图 1-6 人类左右脑的特点

在思维导图中，色彩和图像的应用契合了右脑的功能，带给我们发散的思维、想象的空间；而思维导图中众多分支线条上承载的关键词，以及各关键词之间的排列关系、逻辑架构，则需要左脑的功能辅助实现。所以，在思维导图形成的过程中，不仅左右脑的协作可以帮助我们做出一张精妙的思维导图，而且生成后的思维导图又会反过来促进我们更好地锻炼全脑协作的能力，让我们慢慢养成一种习惯，一种可以全面思考的全脑协作习惯，从而提升我们的思维能力。

1.3 思维导图常见的认知误区

在我们正式讲思维导图的定义之前，先来聊聊什么不是思维导图。

从第 1.2 节的内容中我们了解到，思维导图的形态特别类似人类思考时神经元的形态和自然界生物生长的形态，所以对于思维导图的应用来说，这是一种非常自然而然就能画出来的形态。

因此，很多人会说：

"思维导图很简单嘛，不用学，看看就会画了。"

"我不会画画，思维导图我搞不定。"

"思维导图不就是不断往外发散的分支吗？思维一直打开就好了。"

"思维导图就是'头脑风暴'啊！"

"思维导图就是用来做笔记的呀！"

……

读到这里的朋友们，你们是不是也（曾）认为思维导图是这样的呢？

以上这些想法就包含了我们下面提及的思维导图常见的三大认知误区。

1. 误区一，我不会画

很多人认为，想要做思维导图一定要会画画。确实，思维导图作为一种视觉化呈现工具，会画图对于完成思维导图来说确实有必要，但画图的作用并非为了画而画，思维导图中图像的作用是为了强调和凸显重点，并引导观看者的视线和思路，关于这一点在第3章"视觉思维力"的内容中有详细的说明。而且，视觉化呈现不一定需要图像才能展现，色彩的使用、线条的舒展、结构的布局，这些都是视觉化的展现形式。

在思维导图中，图像是锦上添花的，并不是必不可少的。那么，什么才是思维导图中必不可少的元素呢？

答案是：文字。没有文字就没有思维导图的灵魂和精髓，没有文字就没有思维导图的基本内容。所以，你会发现，我常说"做"一张思维导图，而不是说"画"一张思维导图。

只要会写字就会做思维导图！那么，从现在开始，拿起笔，勇敢地做出你的思维导图，我们一起开始吧！

2．误区二，伪思维导图

图 1-7 所示的这两张图是思维导图吗？我相信很多人看到这两张图就会开始犹豫，明明想说"是呀，我们平时见到的和做出来的思维导图都是这样的呀"，可是突然被这么提问，又好像不那么确定了。那么，图 1-7 中的两张图到底是不是思维导图呢？

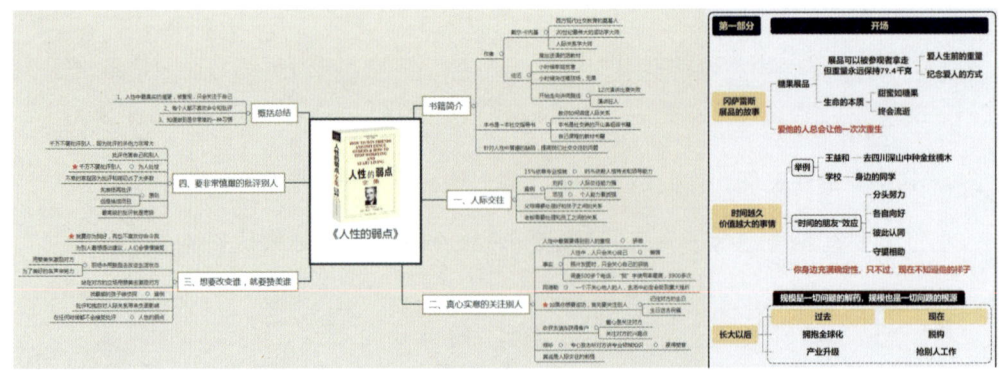

图 1-7　结构图示例

图 1-7 所示的这两张图我称之为"结构图"或"树状图"，但是它们并不是真正的思维导图，为什么呢？思维导图的前两个字是"思维"，思维导图之所以可以对思维起到梳理和激发的作用，主要在于"关键词"。而"关键词"在思维导图中的呈现要求是一线一词。如果做不到一线一词，这张图就是始于真思维导图的树状结构形式，终于伪思维导图的一线多词、一线一句，甚至一线一段话的形式。有形而无神，所以这种图我称其为伪思维导图。

一定有读者好奇：到底什么样的图才是真正的思维导图呢？做思维导图的第一个原则就是要做到一线一词，那么如何做到一线一词呢？在后面的第 3 章和第 4 章中我将分别从绘制技法和底层心法两个角度，带领大家做有逻辑、有创意的思维导图。

3. 误区三，思维导图和视觉笔记混淆

在这个全民线上玩的年代，没有参加过社群、没听过线上课程或线上直播的少之又少。在各种社群、线上课程直播演说结束后，我们经常能看到群内小伙伴把一张图拿出来，并帅气地说："这是我做的课堂笔记，给大家参考。"这也是我经常做的，如图1-8所示。听课、听直播之后，用思维导图做一份笔记分享给需要的小伙伴，既可以让自己对课程有更深刻的理解，又方便自己和大家记忆和复习课程内容，用思维导图做笔记这件事我总是乐此不疲。

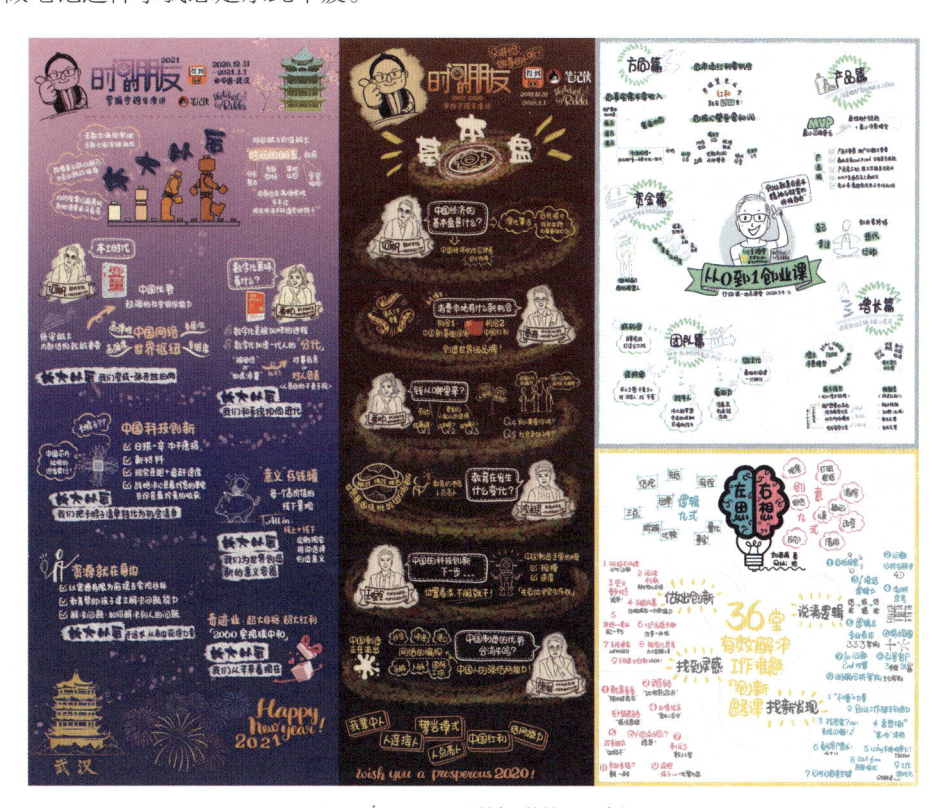

图1-8　Rikki手绘视觉笔记示例

"这个思维导图做得真好看呀""我也要学思维导图""思维导图效率笔记真棒"。在一片惊呼声伴随着各种赞美的话语之后，我不禁额头冒出三道汗，然后默默地回复："谢谢大家的赞美，好开心这个笔记能帮到大家，不过这是视觉笔记哦，它跟思维导图一样，都是视觉化的一种呈现方式，这里有个视觉笔记和思维导图的区别的小科普给大家参考。"之后默默地回复一段描述二者区别的文字。

你有没有碰到过这样的情况呢？或者你有没有认为上面的四张图是思维导图呢？我们称这四张图为"视觉笔记"，不过若换作思维导图，也可以实现相同的笔记需求。从做笔记的角度来说，思维导图笔记是视觉笔记的一种表现形式，因为它们都是视觉化的笔记形式。那么这两者的区别在哪里呢？我们一起来看看吧。

关于思维导图和视觉笔记的区别，我将其归为三类：**始、形、神**。

始。说来有趣，清楚地认识到这一点，是 2019 年 7 月我在美国旧金山学习高阶视觉图像记录的课堂上。当时我为一个圆桌讨论现场做了一个视觉记录，也许是因为那段时间我正在给两期思维导图认证班的学员密集做作业点评的缘故，满脑子是思维导图，在进行圆桌会谈的视觉记录的时候，完全无意识地从右上角开始记录，然后记录的内容顺时针转下来，填满了整张纸。老师在点评的时候还以为是因为文化不同，所以导致文字书写的方向不同，我赶紧解释道："不是的。我们中国大部分的文字是从左到右开始记录，只是大脑中浸入的思维导图模式太深刻。"

所以，读者朋友们，能看出思维导图和视觉笔记的第一个差异了吗？起始位置不同。思维导图从钟表的 1 点钟的位置起步，顺时针进行，终于 12 点钟的位置；而视觉笔记的起始位置相对随意，需要根据信息内容的整体走向，综合考虑结构、布局和发展路径来确定。

形。思维导图的形式只有一种，即主题在中间的位置，向四周发散；而视觉笔记的形式较为多样，有不少的模板可以使用，我们也可以学习各位业内大咖的布局排版方式，当熟练之后，一切流程便融于接收信息、筛选思考、落笔生花的每一个细节步骤中。

神。当然，思维导图和视觉笔记这两种记录工具最主要的区别在"神"上。思维导图是一种思维工具，左右脑结合了五感，所以视觉呈现的应用一定占据着重要的位置。思维导图会有很多颜色、很多线条、很多图标/图像，也有隐喻的应用，这才让很多小伙伴把思维导图跟视觉笔记混为一谈。

思维导图很重要的两个"神"分别是**一线一词**（每个分支线条上只有一个词）及**结构性思维**（对信息整理之后的关键词确定原则及层级逻辑），整张思维导图形成一张信息网，共同对信息及思维结果进行描述。

而视觉笔记的"神"则是对信息内容了然于胸之后，应用适当的结构及路径清晰地展现信息流的行进，并对重点内容进行足够的强调。在这个过程中，信息的呈现要使用"名词+动词"的形式，进行清晰明确的表述，而不只是用一个关键词来呈现信息。

上面三个常见的思维导图认知误区你了解了吗？

- 不要担心自己不会做思维导图，只要你会写字就会做思维导图。
- 学习了后面两章的内容后，你一定会知道如何避免做出伪思维导图，而做出真正有思维精髓的思维导图。
- 通过上面的介绍和学习，相信你会感受到思维导图对思维的激发和打开的作用，其不同于任何其他的视觉化呈现工具。

在了解了什么样的图不是思维导图后，我们现在就来看看真正的思维导图是如何定义的。

1.4 思维导图的定义

首先,思维导图是一种工具,它可以帮助我们整理文章、课程等内容,也就是我们说的思维导图可以帮助我们做笔记;它可以帮助我们进行"头脑风暴"的创意激发;它也可以帮助我们看清事物的架构,弄清事情的逻辑。它是一种有效的思维工具,如图1-9所示。

图1-9 思维导图的定义1

其次,思维导图是一种什么样的工具呢?我们不能忽略掉这种工具的名称传达出来的含义,它是一种思维工具。它可以帮助我们在思考问题时生发思路、发散思维、梳理逻辑,当然它还可以用来做笔记和整理信息,只是对思维的激发才是思维导图比较有价值的作用。

最后,我们分别从形式、特点和作用三个方面来分析并讨论这种思维工具。从形式上来说,思维导图有唯一的形式,即发散形式,如图1-10所示。

图1-10 思维导图的定义2

思维导图可以帮助人们展开想象和联想，这是思维导图的精髓，也是穿插整本书的精髓，对应着后续章节中谈到的"发散"与"收敛"，以及"水平思考"与"垂直思考"，一同让你看到思维导图这个丰富的思维世界，如图1-11所示。

图1-11 思维导图的定义3

前面提到了思维导图可以帮助我们做笔记、进行高效的学习，也可以帮助我们发散思维，助力思考，所以思维导图在帮助我们提升学习力和思考力方面，发挥着不可小觑的作用，如图1-12所示。

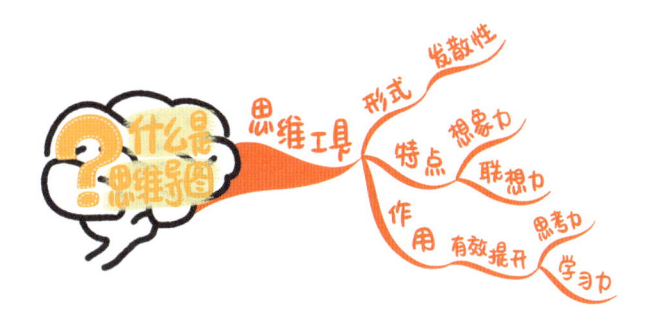

图1-12 思维导图的定义4

综上所述，我们用一句话来概括思维导图的定义：**思维导图是一种以激发人们想象力和联想力为主要特点的、有效提升学习力和思考力的发散性思维工具。**

1.5 本章小结

1. 思维导图可以帮助人们展开想象和联想，这是思维导图作为一种发散性思维工具可以发挥其巨大能量的根本所在。

2. 思维导图的发散形式模仿了人们在思考时神经元建立连接的过程，于是我们觉得思维导图的生成如此自然、觉得思维导图并不难学。

3. 思维导图很好地结合了左右脑的特点并促进全脑协作，助力我们提升思维能力。

4. 思维导图常见的认知误区：我不会画、伪思维导图、思维导图和视觉笔记混淆。

第 2 章
为什么用思维导图

2.1 全脑思维：就是让你看到我

据统计，我们的五感（视觉、听觉、味觉、嗅觉、触觉）在接收信息的感官通道所占的比例中，视觉所占的比例为 80%，听觉所占比例为 12%，其余的味觉、嗅觉、触觉共占的比例为 2%。所以说，我们人类是视觉动物是有依据的。

思维导图作为一种视觉化呈现工具，在视觉吸引力上的优势是显而易见的。我们做出来的思维导图在被大家看到的第一眼，就已经通过视觉呈现的方式吸引到了观看者的注意力。如果你正想销售产品、如果你正在用演示文稿做演说、如果你正在给一家非常热门的公司投递简历……**无论你想要在何种场景下脱颖而出，思维导图都是让你与众不同并吸引大家的注意力的极佳方式之一**。应用思维导图会在无形中给自己增加获胜的砝码。大家首先要看到你，才会注意到你的内容有多么精彩，否则，任凭烟花如何璀璨，却无人点燃"璀璨"之捻。也许你需要的，就是用思维导图从形式上把占据 80% 的视觉感官吸引过来，为自己推开一扇机会之门。

所以，思维导图不仅可以帮助你在做图的过程中，结合左脑的逻辑思维和右脑的视觉创意思维，全脑协同地对一个主题进行梳理、分析、发散、整合等，同时也可以用全脑协同思维的方式吸引他人，通过视觉的威力让人关注到，这样他人才能去欣赏思维导图中的具体内容。思维导图是较少可以达到如此效果的思维工具。

2.2 全景思维：思维导图让我们一览全局

你有没有遇到过这样的情况呢？在一个项目完成之后，领导说，分析一下这个项目并看看以后还有什么更好的拓展方向。然后很多人的想法各不相同：嗯，这次预算批得太晚了；供应商如果早点提供方案，我们的时间就能更充裕一些；小王临时请假，他那个组有一段时间没人带，人员安排上有些混乱等。

你发现问题了吗？没错，我们大部分人在考虑一件事情的时候，总是不经意地直接奔向事情的细节，而忽略了事件的整体性。我们现在更需要做的是，从整体来看架构，有架构才有方向，有方向才能把路走下去。

还是上面提到的问题，分析一个已经完成的项目并预测其未来的发展方向。我们可以参考 5W2H 的逻辑结构，选取所需的分析方向来搭出这个项目的思考框架，如图 2-1 所示，然后从这几个方面入手罗列出所分析项目的各项信息。你会发现在这个思考框架之下，应有的信息一览无余，收集到足够的信息碎片才是进行下一步分析的基础。于是，下一步就可以开始分析每个方向的重要性和优先级，之后就可以展开分析并进行进一步的发展方向的探讨了。

图 2-1 项目分析与发展规划思考框架图

你看到了吗？上面这个流程体现了思维导图以下两个非常重要的特点。

一页纸效率。无论多么庞大繁复的内容，我们都可以在一页纸上呈现出来，无论你选择的是 A4 纸、白板纸或整面墙的大纸，用思维导图进行内容整理之后，我们都能得到一张全景图。而限制内容详细程度的只有纸的大小而已，如果纸的面积小一些，你可以看到整个内容的框架和一部分打开的"枝干"；如果纸的面积大一些，就可以看到更多的细节。不过，无论细节程度如何，用一页纸都可以让你关注到整体方向，我们不用像本节开始时提到的案例那样，一开始先去纠结某个具体的细节，也许这个细节所在的大方向就是无须考虑的呢？所以，看全景把握整体才是思考一件事情的第一步。

全局观。我们都听过一种说法"只见树木不见森林"，它描述的就是只关注细节而忽略整体的做法，所以应用思维导图可以带领我们"先见森林再见树木"。进入一片森林，先了解这是热带雨林还是灌木丛，比先去纠结某棵树是什么树的重要性和优先级显然更大，这样就有了对事物整体的了解和认知，然后再去研究细节才更有意义和针对性。

2.3 思维导图助力有效记忆

我们先来看一系列词语,请你按照序号对下面每个词看一秒钟,不要回看,看完一遍之后闭上眼睛,回忆一下,自己能记住哪些词语(这并不是测试,只是为了让我们更好地感受一下记忆的特点)。

1. 冰激凌
2. 巴黎
3. 无花果
4. 咖啡
5. 马克笔
6. 课本
7. 扑克牌
8. 蛋糕
9. 汽车
10. 咖啡
11. 口红
12. 直播
13. 小米
14. 空调
15. 电线
16. Banana
17. 咖啡
18. 直升机
19. 爱因斯坦
20. 足球
21. 酸奶
22. 墨水
23. 咖啡
24. 梧桐树
25. 宝藏
26. 摩天轮
27. 草帽
28. 吃鸡
29. 咖啡
30. 水管

好的,现在闭上眼睛,说出你记住的词语吧。

我相信你能说出至少 5 个词语。什么?你能说出 10 个词语?那么记忆力小能手就是你啦!你是否思考过你为什么会记住这些词语呢?下面一起来看看我们的记忆都有哪些特点吧。

1. 首因效应

应该有不少读者朋友记住了"冰激凌"这个词语吧?一般我们会在一系列内容出现时,对第一个内容的印象比较深刻,因为它是第一个进入我们大脑的信息,后面的信息很难撼动它先入为主的地位,我们把这种效应称为首因效应。

在思维导图中,首因效应的应用体现是中心图。中心图呈现的是一张思维导图中较大的视觉主体和比较关键的中心主题所在,当每个人拿到一张思维导图时,第一眼看到的就是中心图。所以，利用首因效应在中心图中明确表达主题和观点，是有效地传达信息的一种方式。

2. 近因效应

最后一个词语是"水管"，这个词语应该也有不少读者朋友能说出来。因为它是最后一个词语，除了先入为主的因素，最后闪亮登场的信息也是很容易被我们记住的，因为它出现的时间距离我们最近，我们遗忘它的时间最短，我们将这种效应称为近因效应。所以，若想对一个内容记忆深刻，那就让这个内容时刻保持与自己近距离接触，不要远离，就能一直抓住它，保持对它的记忆。

用思维导图梳理出来的信息和思路特别便于我们随时回顾，每一次回顾都只是翻开一页纸的动作，不会增加心理负担，也会降低我们偷懒的概率。于是，我们每一次回顾和复习，都是在把这个内容保持与自己近距离接触，这样就可以保持我们对这个内容的记忆。

3. 重复性

大家是否留意到在上面罗列的 30 个词语中，有一个词语出现了多次，这个词语就是"咖啡"，它总共出现了 5 次。相信你一定留意到"咖啡"这个词语，也记住了它，这是它不断地在我们眼前出现才有的记忆效果。这就是重复性带给我们的记忆效果。

德国心理学家赫尔曼·艾宾浩斯的研究发现了人类大脑对新事物遗忘的规律，这个遗忘规律被称为艾宾浩斯遗忘曲线。艾宾浩斯遗忘曲线告诉人们在学习中的遗忘是有规律的，从规律中我们可以发现，人们遗忘的发生速度很快，并且先快后慢，如图 2-2 所示。

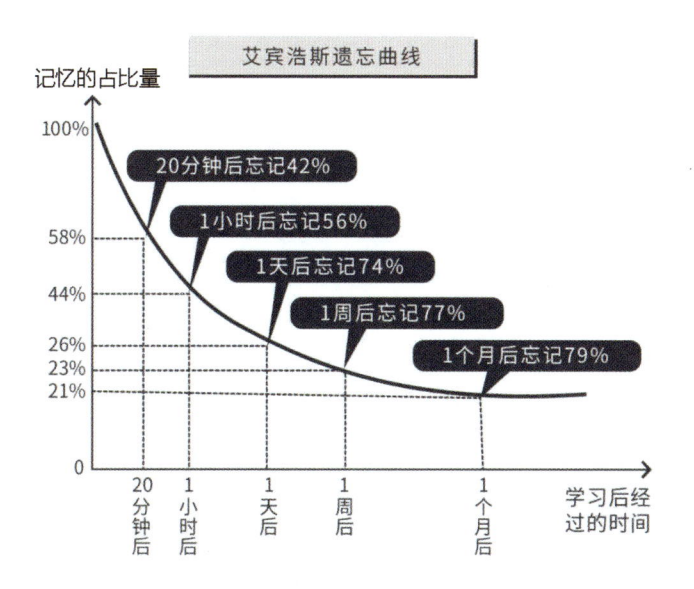

图 2-2 艾宾浩斯遗忘曲线

为了对抗遗忘，我们可以在遗忘最快的几天，不断回顾和复习用思维导图整理出来的内容，保持记忆强度。

4. 特殊性

有没有读者记住了前面罗列词语中的"Banana""爱因斯坦""磨天轮"呢？我相信有不少读者记住了，那么记住了这些词是因为什么呢？因为"Banana"是以上罗列的词语中唯一的英文单词，"爱因斯坦"是其中唯一的四字词语，同时也是唯一的人名，而"磨天轮"这个词语出现了错别字。这三个词语都有其与众不同之处，所以得到了大家的关注，并被大家记住。

在 20 世纪早期，有一位叫冯·雷斯托夫的德国医生曾做了一系列实验，实验为渴望提高社交智商的人带来了一个有趣的发现。冯·雷斯托夫吃惊地发现，我们容易记住那些与众不同的和别具一格的事物、人、地点等。后来，这种会对特殊信息有着较强记忆的现象被称为冯·雷斯托夫效应。

在思维导图中，我们在强调某些需要被凸显的重点信息的时候，通常会为这些信息增加图像形式的展现，让它变得与众不同、别具一格，让它变得很容易被大家发现并关注。在第 3 章绘制技巧的步骤中，我们也会具体讲到关于插图加在哪里及如何画插图才会更好地符合人们的记忆特点，以帮助人们更好地记住思维导图中的内容。

5. 选择性

人类的记忆还有一个非常明显的特点，那就是选择性。在前面罗列的词语中，可能读者朋友们还会记住一些相互之间有关联的词语。这个关联分为词语跟自己的关联及词语之间的关联。

比如，今天你刚跟队友打完一轮吃鸡游戏，那么你一定会记得"吃鸡"这个词语；你今天出门特意涂了精心挑选的显气色的口红，那么"口红"这个词语你也一定忘不掉；再比如，你家今天请人来维修空调，那么"空调"这个词语当然也会被你深深地刻在脑子里。这些都是观看者与这些词语之间的关联。

如果你看到"冰激凌"，可能就会记起"咖啡""蛋糕""酸奶"，因为它们都是甜品零食；如果你看到"马克笔"，可能就会很容易想起"墨水"，因为它们都是文具；如果你看到"汽车"，也许就会将"直升机"脱口而出，因为它们都是交通工具。这些词语相互之间都是有关联的，因为它们都是同一个类别的。

记忆的选择性有主动选择——选择跟自己有关联的，也有被动选择——由于物品属于同一类别而容易被记住。所以，在思维导图的应用中，如果是为了让自己更好地记忆，在做思维导图时，你可以选择一些与自己有关联的关键词或自己喜欢的插图，来带动个人的情绪，或欢喜、或有兴趣，下意识地通过主动选择的关联，来强化自己的记忆。如果是需要给别人看的图，那么我们就无法控制他人的喜好，以及图与当事人的关联度了。只有做好内容的筛选分类，为被动选择的记忆创造内容之间的紧密关联，做到有逻辑地分类、有关联地联结，才可以有效地把信息传递出去并有效地记忆。

通过上面这个小小的词语记忆练习，我们已经看到了人类记忆的 5 个特点，同时也看到了用思维导图的方式可以帮助我们针对记忆的特点做出有效的行为，从而利用**思维导图帮助我们更有效地记忆，甚至可以通过经常回顾和复习、情绪和关联的嵌入，将短期记忆转化为长期记忆，有效地锻炼我们的记忆能力**。

2.4 激活三大思维力

在思维导图的定义中，我已经明确描述了思维导图是一种发散思维的工具，在思维发散的过程中，打开创意、在未知中寻找关联、在无序中形成有序。这个过程带动并激活了三大思维力。

视觉思维力：激发右脑的功能，从视觉化的角度利用"5 指"绘制技法完成一张思维导图的创作。

逻辑思维力：利用左脑擅长的分析能力和逻辑思维能力，在"双关"心法的指导下，为思维导图形成更有底层逻辑的架构和关联，打造一张有价值、有意义的信息网。

创意思维力：综合应用思维导图全脑协作的功能，以及被激发的视觉思维力和逻辑思维力，让"水平思考"和"垂直思考"双管齐下，展开创意思维飞翔的翅膀。

最终，三大思维力的激活为我们的综合应用打下坚实的基础，一起灌溉思维之花，期待其精彩绽放！

2.5 开始建立意识

1. 发散思维意识

我们常用的记录笔记的方式，大部分是在横条纸上进行的从上至下的条列式笔记，也就是所谓的线性笔记。在线性笔记的引领下，思维的行进路线一般是线性的。然而，当我们用思维导图这种工具记录笔记或进行思考分析时，笔记会呈现出由中心向外发散的形式，这就引领着我们的思维由中心的这一个点（也就是思维导图中所说的中心主题）向外发散，逐层打开与这个主题相关的内容框架。思维导图帮助我们首先把逻辑框架整理清晰，然后继续向外发散具体的信息和详细的内容，这就是所谓的发散性笔记，而用这种笔记形式帮助我们形成的是一种发散性思维。

在思维导图的主干分支形成之后，再持续沿着这种思维方式逐渐打开每个层级，从而确定逻辑框架，这种方式就是我们对发散思维的一种应用。我们一旦形成了这种思维方式，也就形成了本书的主题——导图思维，从此思维导图就能从全局的高维度层面上指导我们的思维方式。

所以，请首先建立发散思维意识，让我们在思考问题的时候，从中心向外发散，由主题向逻辑结构再向具体的细节发散，由思维导图的应用，引领我们形成导图思维。

2. 视觉引导意识

我们要建立一种视觉引导意识。什么是视觉引导呢？视觉引导是一种通过视觉化的呈现帮助我们推动思维的行进，从而实现共识和目标的一种方式。用思维导图进行思维的整理和信息的收集并不是一蹴而就的，在这个过程中，信息是一步一步地出现的，思维也是一步一步地深入的。思维导图包含色彩、流线的分支、图像的呈现，它们的出现刺激着我们的右脑，同时结合被逻辑思考激发的左脑，让我们更好地进行全脑思考，从而实现信息的逐渐完整和思维的逐步深化，最终达到对中心主题的思考分析或达到信息整理的目的。

视觉引导式思维导图除了应用在个人整理思维上，也可以应用在给他人讲述和分享的过程中。在这个过程中，思维导图不是以一张完整的成品展示出来的，而是分步骤进行的。首先，要展示出中心主题，这可以让大家在一开始就清晰地了解话题。其次，要展示出主干分支，也就是对这个主题进行框架搭建和思路说明，最后，要展示的是后续的具体信息内容。这样的呈现，会让听众感觉到逻辑架构明确、信息层级清晰，并且非常容易记忆和理解。同时，在视觉引导的过程中，我们把控着整个过程的节奏，让听众聚焦在所讲内容的当下，而不会因为整张思维导图的全部展示而分散注意力。

有关"视觉引导式思维导图"我会在第 9.3 节中为大家进行更加详细的阐述及案例解说。

3. 系统网络意识

最后一种需要建立的是系统网络意识。系统网络体现在思维导图的两个方面。

首先，体现为一张思维导图内部的关联。在第 4 章"逻辑思维力"中我们会讲到思维导图并不是只有中心图和向外发散的分支，同时还有分支内部及跨分支之间存在的关联线。关联线的存在帮助我们将一张思维导图变成了底层逻辑串联的一张信息网，因此，信息不单单只存在于一根线条上、一个分支中，而是可能会贯穿在整张思维导图中。而让思维导图"活"起来，成为一个网络、建立一个系统，关联线是必不可少的一个部分。

其次，体现为思维导图之间也可以互相关联、互相融合。当在对同一个主题进行了解或研究时，我们可以从不同的角度、不同的面向、不同的话题入手，做出不同中心主题的思维导图，之后可以将这些思维导图摆在一起，经过观察找到关联点，再进行信息整合、逻辑融合，成为一张包含大主题的思维导图。

通过这样的方式，我们可以看到用不同的思维导图的"分主题"搭建成的与"总主题"相关的系统内容，可以事半功倍地让我们对主题产生全局视角性的理解。

所以，**从思维导图到导图思维，最终可以帮助你形成一种系统性的发散思维**，让你在思维的层面高人一等，让优秀的你闪闪发光！

2.6　本章小结

1. 思维导图让所有内容（框架）在一张纸上一览无余，不仅可以提高效率，还能以全局的视角把握整体，不会出现"只见树木不见森林"的情况。

2. 思维导图应用了记忆的 5 个特点，帮助我们有效地记忆。记忆的 5 个特点分别是首因效应、近因效应、重复性、特殊性、选择性。

3. 思维导图助力我们激活三大思维力：视觉思维力、逻辑思维力、创意思维力。

4. 本书非常建议读者朋友们，在学习和练习绘制思维导图之初，就同步建立 3 种意识：发散思维意识、视觉引导意识及系统网络意识。

工具部分

思维导图激活三大思维力

在第 2.4 节中，我们讲到了思维导图可以激活三大思维力，分别是视觉思维力、逻辑思维力以及创意思维力。

在本部分，首先，我们将通过视觉思维力带你从零开始绘制出一张思维导图；其次，通过逻辑思维力让你明白思维导图底层的思维逻辑，让思维导图"有形"且"有神"；最后，通过创意思维力带你了解两种思考方式：垂直思考与水平思考，不但综合运用这两种思考方式激发你的创意，还结合视觉思维力和逻辑思维力，运用思维导图对问题进行兼具深度和广度的分析与探索。

第3章
视觉思维力

3.1 "5 指"绘制技法

在本章中,我们将通过有趣的"5 指"绘制技法及一套朗朗上口易于记忆的口诀,带领读者一步步从入门到精通,轻松掌握思维导图的绘制技法。

首先,绘制思维导图需要用什么工具呢?工具很简单,只需要纸和笔。

1. 纸

A4 纸或 A3 纸,笔记本也可以。请选择空白的纸张,不要画在有条纹/格子/点阵的纸上,建议在开始练习的时候,不要画在有颜色的纸上。选择空白的、没有纹路的白色的纸张,是为了让我们的大脑可以在没有限制和引导的情况下自由打开,这样有助于思维的创意发散和灵感的发挥。

纸张需要横放,即较长的一边处于水平方向放置。我们的双眼左右而居,且常年培养的阅读习惯是从左向右的方向阅读,所以纸张横放比较符合我们的观看习惯。同时,纸张横放也有助于思维导图的线条和关键词不断地向外延展。如果纸张竖直摆放,在做思维导图时,很快就会触达边界,而触达边界停止时,我们的大脑就会释放出停止思考的潜意识，就限制了我们的思维发散。当然，每张纸都是有边界的，我们可以做的是把纸张横放，让有限的空间承载多一些的思维绽放。

2. 笔

准备一套多色水彩笔。最好为市面上常见的 12 色彩笔，因为不仅思维导图的每个分支都需要不同的颜色，而且颜色丰富的彩笔有助于激发我们的灵感并带动情绪的参与。建议选择使用水彩笔，相比油性笔和酒精性笔，水彩笔安全、无气味，与孩子一起绘制比较放心。并且水彩笔不容易透纸，颜色不像油性笔和酒精性笔那么浓烈，这样图中的色彩就不会喧宾夺主，抢去图中关键信息的风采。

可以尝试使用软头笔。一直以来，我们的书写习惯都是使用硬笔书写，输出形式为线性形式，而思维导图帮助我们开启了发散思维的另一种思考方式——发散性思维（关于线性思维和发散性思维的区别将在第 4 章逻辑思维力中详述），并且信息的呈现方式为关键词，关键词的承载形式则为搭建逻辑结构的各个分支线。用软头笔画出的分支线自带流畅度、挥洒度及由粗而细的放射感，不仅美观优雅，也能带着思维向远方发散，如图 3-1 所示。如果你还未曾尝试过软头笔，从现在开始，让工具的转换带动思维的转换，开始尝试发散性思维的美妙吧。

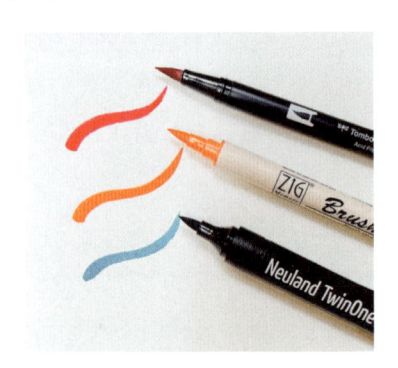

图 3-1　软头笔及其绘制出的线条

那么现在，就拿出你准备好的纸和笔，跟随我们的步骤一起完成一张思维导图吧！

3.1.1 一心一意中心图

一张思维导图是从中心图开始的，中心图表达了这张思维导图的主题，需要做到让人一目了然，高效地了解整张思维导图的主旨和想要传达的中心含义，如图 3-2 所示。掌握以下 4 个要点，能帮助你迅速搞定一张思维导图中心图的绘制。

图 3-2　一心一意中心图

1. 位置处于整张纸中央，约 1/9 的大小

如果无法确定中心图的大小，可以将纸横竖各折 2 次，折出九宫格的形状，中间那一格即是中心图应处的位置，如图 3-3 所示。中心图不要画得过大或过小，中心图过大会占用内容发散的空间，很快就会触达边界，阻碍思考；中心图过小会在思维导图打开之后变得不明显，既不便于激发思考，也不便于在观看时明确辨认主题。

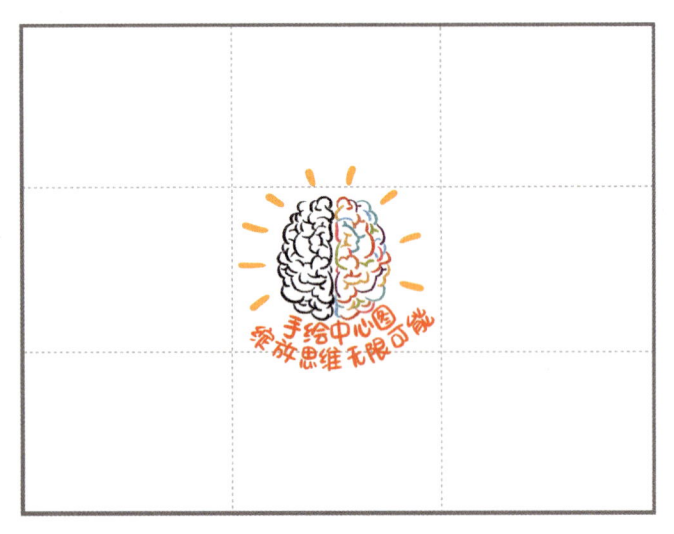

图 3-3 中心图位置示例

2. 明确地表达主题

若只有比较短的时间观看一张思维导图，那么大家所有的注意力一定是在中心图上，所以中心图是否高度概括并明确地表达主题，对于整张思维导图的信息传达起着非常重要的作用。

我曾在世界思维导图锦标赛的裁判工作中，看到有些选手很想通过思维导图的文字来展现自己的文学素养，于是把思维导图的中心图的主题文字编成一句诗。这无疑给时间紧张的裁判工作增添了难度，并且对于一句自编的诗句也许每个人有不同的理解，于是这句诗作为中心图的主题，在传达含义时内容不够明确，同时也不确定围绕在其周边的内容是否与主题紧密相关。

所以，清晰明确地表达主题，去实现一个中心图的主题最基本的功能，不要让人去猜，这是对内容的足够自信，也是对观看者时间和精力的尊重。

3. 颜色大于等于 3 种颜色

多彩的中心图更容易激发我们情绪的参与、创作的灵感，激发我们不断地打开思维。3 种颜色并不是一个教条的规定，中心图的颜色多多益善，你会发现彩色的图像与黑白、单色的图像相比，有着强烈的情绪带动力，将我们的脑波降到阿尔法波这个比较放松、适合创作的频率上，把我们带入一个创作发挥的空间。黑白、单色、多色中心图的对比效果，如图 3-4 所示。

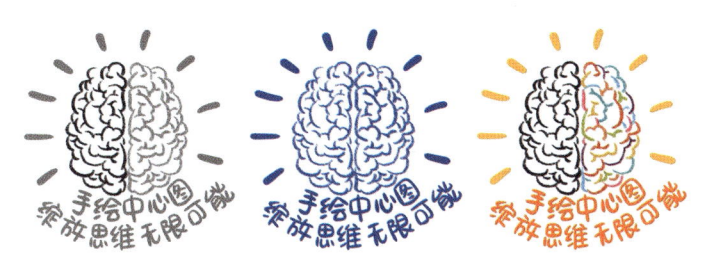

图 3-4　黑白/单色/多色中心图对比

在颜色的选择上，尤其要注意两个颜色：黄色和黑色。黄色是一个明度非常高的颜色，但是用黄色写字非常不明显，尤其是在远距离观看时，黄色基本上是隐形的。但是我们可以利用它明度高的特点，把黄色作为色块的填充。如图 3-5 所示，左图全部使用黄色，整张图看起来非常不明显；右图用黄色作为色块去填充大脑图，会使其颜色异常突出，甚至比图 3-4 中的多色中心图还要显眼，这就是黄色的神奇效果。

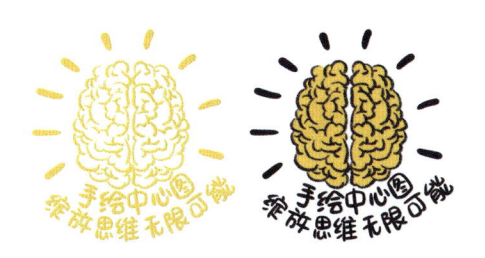

图 3-5　黄色应用于文字和线条 vs 黄色色块填充中心图

如果画中心图时，你使用了多种颜色，担心用彩笔书写，主题会不明显或造成混乱的视觉效果，就可以用黑笔写上中心主题，毕竟我们需要清晰的主题文字内容。在其他情况下，尽量不使用黑色的笔，因为黑色、蓝黑色这些我们常用的颜色，写字时总会有"完成作业""搞定报告"等意识，这样我们刚刚用色彩建立的全脑协作可能会被拉回到左脑思维。在思维导图的世界里，可以暂时告别黑色，极力拥抱彩色。

4. 有图像为佳

在中心图中最好插入图像，这样才能如第2章的"全脑思维"所说，不仅可以激发绘制者的全脑协作能力，做出有逻辑、有创意的思维导图，也能够快速地吸引观看者的注意力，高效地接受思维导图所传达的信息。

如果需要用思维导图作为创意发散的工具，就要尽量在中心图中加入图像，如果你确实不会画画，至少也要用色彩将文字进行装饰，为思维创意的萌发插上飞翔的翅膀。如图3-6所示，哪怕图中只有文字，没有图像，经过色彩装饰的文字与黑色的文字相比，是不是会对观看者的情绪和思维有明显强化的触动呢？

图3-6　哪怕没有图像，经过色彩装饰的文字也有视觉触动力

画一画

　　学习了本章中的"5指"绘制技法的每一个步骤之后，我们都来动笔画一画，亲自体验一下每一个步骤中所讲到的技法要点。在这5个步骤学习完毕之后，我们就可以做一张完整的思维导图成品了。

　　这张思维导图的主题是我们最熟悉的"自我介绍"，但是如何将"自我介绍"做得有料又有趣，还是需要下一定功夫的，我们一起来试试看吧。

　　首先，根据第一个步骤中的"一心一意中心图"完成中心图的绘制。读者朋友们可以用一个简单的图像来代表自己的特征，比如，有人特别喜欢看书，那么就可以画一本书作为中心图；有人说："我的属相是老虎，我的风格也像老虎一般虎虎生威。"那就画一只小老虎作为中心图；有人说："我最看重我的家庭，爱人和两个孩子对我来说，重要度最高。"那就尝试画一张由4个人物组成的全家福作为中心图；还有人说："我不会画画，那么至少可以用不同颜色的彩笔来写出我们名字中的每一个字，只要有不同色彩的呈现就好。"在中心图绘制完成之后，记得写上你的名字，也可以选择性地写上"自我介绍"4个字，这样可以帮助我们将思维导图的主题呈现清楚。

　　你还记得中心图的技法要求吗？位置、含义和颜色。你可以在动笔之前翻回前面几页，复习一下。另外，这里还要提醒一下读者朋友们，在绘制思维导图的时候，根据我的观察发现，很多实践者喜欢用铅笔打草稿。我的建议是，可以使用铅笔进行整张图的定位，比如，中心图需要在整张纸中间的1/9处，但是尽量不要用铅笔打草稿，因为在下一个步骤中，我们会发现思维导图中的思维是在线条和关键词的引领下，不断激发出来的，在这个过程中，颜色搭配和绘制思维导图的动作本身都起着很大的作用。如果我们用铅笔先将线条画好，再用彩笔去涂色，就缺乏了思维延伸和扩展的过程，做出来的思维导图就会成为一张"有形无神"的思维导图。所以，在一开始，我们就要养成正确的绘制思维导图的习惯，帮助我们打下思维发散的基础。

我也画了我的"自我介绍"思维导图的中心图，供大家参考，如图3-7所示。在这个中心图中，我用艺术化的形式写出了我的英文名Rikki，其中我画了一只小眼睛替代了第2个字母"i"上的点，又将第5个字母"i"改造成了一支穿着五彩外衣的铅笔，就是在说明我的特点是喜欢以视觉化的内容和写写、画画的形式来表达我的所思、所想。

接下来，就轮到你展示了，请在图3-8的空白页面中，画出你的"自我介绍"思维导图的中心图吧！

图3-7　Rikki的"自我介绍"思维导图的中心图（供参考）

图 3-8 请为你的"自我介绍"思维导图绘制中心图

3.1.2 两全其美散分支

第二个步骤是思维导图的分支,如果说思维导图中的中心图是一棵大树最粗壮的枝干,那么其分支就是将中心图"开枝散叶"后的一个树杈,有了分支才有思维发散的载体。如图 3-9 所示,我们分别从形式和色彩两个方面来看看思维导图分支的绘制技巧,以及如何做到分支发散的两全其美。

图 3-9 两全其美散分支

1. 形式

1)连接

一棵树的树杈从主枝干生长出来,赋予了它的子枝干的生长,不断往复,生生不息。思维导图中的分支也是如此,从中心图"生长"出来,发散到子分支。所以,所有从中心图发散出来的主干分支,一定是与中心图紧密相连的,每个分支也一定是与母分支和子分支相连的。这种关联会给大脑的潜意识一个信号:信息之间有足够的联结,它们是一层层"生长"出来的,具有继续发散的流畅性和关联性,有助于发散性思维的应用。否则,若是线条没有连接在一起,大脑的潜意识会认为信息之间无关联,继续发散就会遇到阻碍。

2)线型

分支线条的线型为渐细的有机曲线。可以想象柳树枝条在风中摆动得婀娜多姿,那就是有机曲线的最佳代表。我们在思维导图中绘制的线条正如柳枝般,随思绪摆动,引出我们思考的内容。仅是想象这个美好的画面,是否都觉得心情舒畅,思绪顺畅呢?

常见的思维导图的线条的形式,可以参考图 3-10 所示的中间的半弧型和右边的有机曲线,选择哪一种形式就看个人的习惯和喜好。左边的直线型就不推荐了,因为直线型不但看起来比较死板,而且容易把我们从发散性思维拉回到线性思维。

图 3-10 直线型、半弧型、有机曲线的对比

3）起始

思维导图的第一个分支从钟表 1 点钟的位置开始，按照顺时针方向行进，一直到 10～12 点钟的位置结束。这符合我们日常看钟表的习惯，让我们有对一件事情的记录从始至终的完成感和整体感，也会带给我们继续出发、循环不止、生生不息的生命感。

4）布局

思维导图是一种视觉化的呈现工具，视觉化的内容对美感有一些要求，美感除了体现在色彩、结构、图像上，还体现在构图上。构图是艺术和摄影作品中的专业词汇，用在思维导图中，是指一张思维导图的整体布局。

不同的思维导图有不同数量和不同复杂程度的分支，如何排布可以让整张思维导图看起来布局合理，也是我们在做思维导图时对全局架构把控的一种预先思考和了解，对思维导图布局的分析和整理有助于强化我们的全局观。

做一张思维导图时，建议不要把纸张填充得过满，要有一些留白。留白有两个非常重要的作用：第一，让这张思维导图拥有"呼吸感"，同时也让自己和观看者拥有呼吸感，不至于给人过大的压力，增加人们看下去的兴趣。第二，留白是给自己留下思考的空间。可以选择直接留下空白位置，方便回看的时候继续思考、继续补充分支和内容；可以在暂未想好的内容处画出线条，把这个空白留给潜意识，回看之时也许就是填空补缺之时。**留白是打开思维的有效方式。**

2. 色彩

思维导图的分支遵循一个分支一种色彩的原则。只要对一个分支落下了第一笔的颜色，那么这个分支的全部呈现都需要用这种颜色，包括分支线条和这个分支内全部关键词的颜色。但是分支内的插图除外，插图仍然还需要用彩色，并且插图的颜色最好是用与所在分支不同的颜色，我们会在第 5 个步骤中讲插图的时候，具体说明其颜色的选择方法。

分支的颜色选择可以从两个方面来考虑。

首先是色调的搭配。可以参考图 3-11 中的两张思维导图，左图的颜色全部是暖色调，右图的颜色全部是冷色调，大家是不是会在看到左图和右图的第一眼时就有不同的感受呢？全部为暖色调的图让人感到充满热情；全部为冷色调的图给人沉静、谨慎、理性的感觉。当然这些感觉只是相对而言，那么如何利用颜色带来的不同感受来为分支色彩的选择做排布呢？

图 3-11 全部暖色调与全部冷色调的对比图

全部冷色调和全部暖色调其实都不是最佳选择，建议的做法是，冷、暖色调间隔排布，这样既有整张图色彩的平衡感，又有每个分支被两边的分支衬托而突出的效果，让每个分支都受到关注，不会被忽略。如图 3-12 所示，第一分支的橙色和第三分支的粉色将第二分支的蓝色衬托得尤其明显，而第二、第四分支的冷色调又让第三分支的粉色显得格外突出。

图 3-12　合适的冷、暖色调分支交叉图

其次是含义的搭配。我经常在课堂上让学员们绘制"自我介绍"思维导图，大家都会写到一个分支叫作"愿景"，那么"愿景"这个分支应该选用什么颜色比较合适呢？

学员 A 说："我对自己的'愿景'充满期待，它给了我极大的动力，让我一想到它就热血沸腾，无比积极努力地去实现它，所以我选择用红色来绘制'愿景'这个分支。"

学员 B 说："'愿景'是我天空中的一片云彩，它高高地飘在那里，也许我现在还够不到它，但我时刻可以仰望它、追逐它，以它为目标一路向前。这种感觉特别美好，我选择用蓝色来绘制'愿景'这个分支。"

学员 A 和学员 B，哪位学员的说法是正确的呢？这两位学员的说法都正确。因为这是做给自己的"自我介绍"思维导图，只要所选择的颜色符合对这个内容的认知，让自己想到内容就能想到颜色，反过来，想到颜色又能激发对这个内容的感受和情绪，这就是最好的搭配了。

如图 3-13 所示是世界思维导图锦标赛总裁判长菲尔·钱伯斯在第十届世界思维导图锦标赛全球决赛的闭幕式上使用的思维导图。当时我负责在总决赛期间菲尔·钱伯斯先生的中英互译工作，在闭幕式上，菲尔·钱伯斯先生的演讲由我来做同声传译。在闭幕式开始之前，我去找菲尔·钱伯斯先生了解致辞的内容，他从容不迫地拿起一张纸和几支彩笔，悠然自得地画起了思维导图。就是如图 3-13 所示的思维导图，让他轻松地完成了长达 20 分钟的脱稿致辞，也让我轻松地完成了同声传译工作。

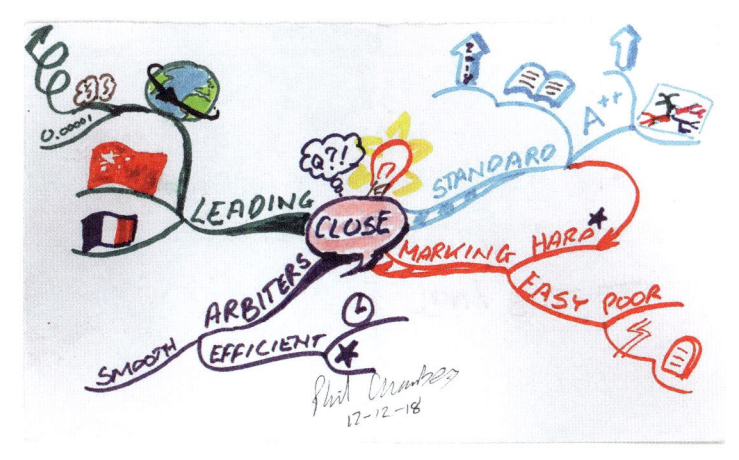

图 3-13　菲尔·钱伯斯先生在闭幕式讲话的大纲思维导图

这其中的奥秘在哪里呢？就是大量的插图及适宜的分支色彩的运用。插图给了我们图像化的记忆，而色彩的搭配帮我们将记忆进一步深化。比如，第一个分支提及关于标准的问题，标准是严谨的、有规矩的，所以我们用冷色调中的蓝色来表示，同时蓝色也表示如天空和大海一般的广阔，有控制、把握的含义，非常适合这个分支对标准的表达。第二个分支在讲打分，我们从小就知道，老师在试卷上打分用的是红色笔，那么这个分支用红色再合适不过了。第三个分支在说裁判的工作情况，这是一个高标准、严要求、高质高效的过程，蓝紫色的应用呈现出了含义的精髓，也表示了裁判对于参赛选手来说，自带的一种神秘感。最后一个分支说到了"引领"这个状态和动作，"引领"的是蓬勃发展的趋势、是郁郁葱葱的未来，选择绿色是更好地强化了这个含义。

所以，不同颜色的使用为这张图赋予了强大的力量，不仅深刻地衬托和传递了含义，而且也让演讲者菲尔·钱伯斯先生在整个致辞过程中，用不同的颜色顺利地提取出了每种颜色绘制分支的具体内容。**颜色与其含义的搭配，对意义的传达和对记忆的强化作用是极其明显的**。这也是我们在本书第 2.3 节"思维导图助力有效记忆"中所讲到的，通过主动选择的关联，来强化记忆。

画一画

在完成第一个步骤的绘制之后，我们的"自我介绍"思维导图已经有了中心图，下面这一个步骤就要继续为这张思维导图添加主干分支了。

首先，我们选择用4个方面的内容来对自己进行介绍，这是因为4个分支可以直接"霸占"思维导图的4个角落方向，对于初学的读者朋友来说，不用过多地考虑布局的问题，比较容易上手。

其次，就要思考四个主干分支分别选取什么颜色进行绘制。在这个步骤中，我们要注意的是，色彩需要根据其含义来进行适配，这样才能达到更好地帮助记忆和理解的效果。尝试找到4个关键词来对自己进行介绍吧，我这里提供几套常见的"自我介绍"的关键词供大家参考："个人信息、学习、工作、生活""背景、兴趣、职业、期待""干饭人、文娱人、创意人、养生人"等。除了传统的介绍分类，大家可以想一些比较有创意的自我介绍的方式，在锻炼自己创意能力的同时，也帮助自己拓展一种全新的自我介绍的角度，其实也是一种对自己的深入探索和认知。在确定了关键词之后，就可以根据这一步骤中所讲的色彩和选取的内容，来确定四个分支的颜色了。

同样，我用自己做的"自我介绍"思维导图供大家参考，如图3-14所示，4个同音不同义的字分别代表了自我介绍的4个方向，它们具体各代表什么含义呢？在下一个步骤中向大家揭晓答案。

那么现在又到了你来绘制思维导图的分支、展示你的4个介绍方向的时候了，请你把你的"自我介绍"思维导图绘制在图3-15的框中，可以重新画一遍中心图，以进行巩固和修整。

图 3-14　Rikki 的"自我介绍"思维导图的 4 个主干分支（供参考）

图 3-15　请做出你的"自我介绍"思维导图

3.1.3 三足鼎立关键词

我们已经知道了思维导图的分支应该如何画，那么下一个步骤就是填写分支线条上的关键词了。如图3-16所示的3个技巧要点形成三足鼎立的"地基"，它们分别是词性、词数和位置。

图3-16 三足鼎立关键词

1. 词性

在掌握了思维导图的技法及由思维导图形成的发散性思维之后，任何一个词都可以作为思维发散的中心，无限延伸。不过在学习思维导图的初期，建议关键词的词性选择以名词为主，动词为辅，其他词性次之。

名词是最容易作为一个中心点来发散与其相关的内容的词性，动词、形容词、数词等词性都可以用来修饰和描述名词。用名词来想象和联想的空间，相对其他词性更大一些。在百度百科中，这样描述"联想"这个词："联想的基本释义是由于某人或某种事物而想起其他相关的人或事物，某一概念而引起其他相关的概念。"这个释义中的人、事物、概念基本都是名词，所以可以看出，名词是可以引发联想的可能性较大的词性，我们在思维导图绘制的过程中，关键词可以首选名词。

其次是动词。思维导图的一种应用方向是制定行动规划，比如，个人的年度工作规划、销售团队的营销推进计划、项目的 PDCA 复盘及行动计划等。在这一类型的思维导图中，非常建议在主干分支上选择动词作为关键词，这样会让思维导图充满时刻准备行动的基调，拿着这一张思维导图就好像拿着一张随时给自己加油助力的推动器，不仅可以梳理清楚思路，还能促进行动，一举两得。如图 3-17 所示为我在 2019 年底对 2019 年全年复盘，最后一个分支是对新一年的规划。用动词作为关键词来引领四大主干分支，清楚地表明了已做完及将要做的事情，有较强的行动感，也指引了继续努力前进的方向。

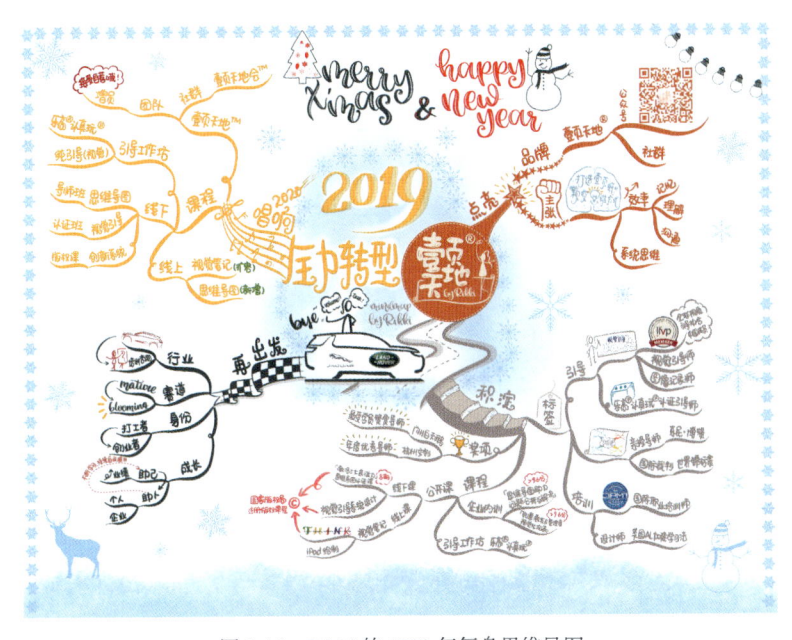

图 3-17　Rikki 的 2019 年复盘思维导图

其他词性如形容词、副词、数词等，被使用到的概率较小，但并不意味着它们不会出现。思维导图越向外发散和延伸，内容就越具体，其中，具体细节的描述一定少不了这些词的作用。如图3-18所示，要描述一场市场活动，有"范围"和"场次"两个维度，"范围"之后可以用"省级""市级"等形容词来界定，"场次"可以用"2场""5场"这样的数词来说明细节。

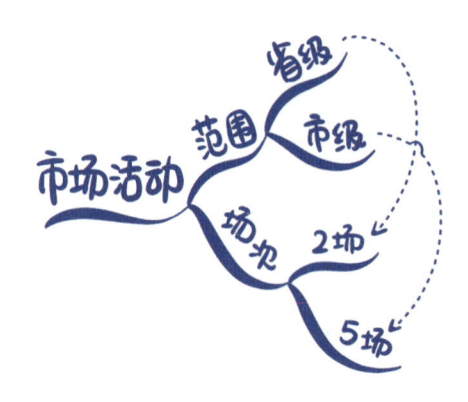

图3-18　各种词性在思维导图分支中的应用

2. 词数

既然我们说关键词，没有说关键句或关键段，就能看出在思维导图中，对关键词的要求是一个词语，而并不是一句话甚至一段话。所以，在关键词的数量方面，我们需要做到的是，**一线一词**。一线一词是思维导图的精髓之一，甚至可以说是做思维导图时比较精髓的一个原则。

1）思维更发散，含义更清晰

在思维导图的定义中，东尼·博赞先生提到，思维导图可以帮助人们展开想象和联想。不论是想象还是联想，都是使思维导图不断发散的因素，激发我们发散性思维的因素就是思维导图中每一个分支上的关键词。前面在讲词性的部分中我们说到，尤其是在使用名词的时候，可以更好地触发关联，不断地向外发散。如果是一个长词组或是一句话，就已经收敛了一部分联想，让思维的发散打折扣。

比如，我们来对比"太阳"和"火红的太阳"在思维发散过程中的区别。由于"火红的太阳"中的"火红"已经将太阳的颜色限定，再去关联的时候，只能以"火红的太阳"为出发点，关联到的内容可以是夏天、热、旅游、防晒、空调、西瓜等，如图 3-19 所示。

图 3-19 "火红的太阳"的发散图

如图 3-20 所示，由"太阳"这个词语来进行思维发散的时候，颜色只是其中的一个分支，颜色还可以继续分类，有火红、玫红、淡黄等颜色分类。除了颜色可以作为"太阳"这个词语的联想方向，还可以有位置、星系、光线、作用等相关的联想方向，而每个联想方向都可以继续发散。对比"太阳"和"火红的太阳"可以看出，上面举例的以"火红的太阳"发散出来的联想内容，只是以"太阳"这个词语发散出来的所有内容中的一个细小的分支而已。

图 3-20 "太阳"的发散图

一线一词可以帮助我们将思维发散得更加开阔，同时也可以把我们所描述的内容含义表达得更加清晰。

当然，刚接触思维导图的朋友可能会在一线一词上犯难，不知道究竟怎么将一句话或一段话简化成一个关键词，那么可以来尝试两个动作：先简化，再提取。在一句话中，看看哪些部分是去掉之后不影响句意的，这些部分可以果断去掉；去掉之后再想想看保留下来的内容，如果用一个词语来概括会是什么？或者问问自己，可以用什么词语来替代这些内容？多尝试用这样的方式来总结和提炼关键词，是对我们结构化能力和抓重点能力的锻炼和提升。

一般来说，关键词为 4 个字或在 4 个字以内是比较理想的状态。不过有时会遇到拆不开的长词组或句子，比如，把"六一儿童节"这样的词拆分成"六一"和"儿童节"是没有意义的，除非当说出"六一"和"儿童节"其中的一个词时，我们都认为其实就可以概括为"六一儿童节"了，那么就可以把它拆分开使用了。

还有一种情况是，在思维导图中写一句诗，当然，如果是分析诗词的思维导图，就真的要把诗句拆分成一个个的词来说明。但是如果一句诗在一张思维导图中只是起到辅助理解的作用，是思维发散的一部分，那么就不需要硬性拆开，可以把它做成图的形式，这样既能突出它的意思又不破坏思维导图的规则。如图3-21中的正下方，就有两句诗以画的形式出现。

图 3-21　Rikki 与学员共创的"中秋节"思维导图

2）重复出现，多样出现

经常有学员问我，在思维导图中，有好几个分支的关键词重复了，可以吗？答案是，当然可以。在一张思维导图中，如果一个关键词多次出现，那么说明它比较重要，也许它是在这张思维导图中最值得关注的部分。

这样重复出现的重要内容，除了用关键词来表示，也可以用相同的图像或标记符号来表示，让它更加与众不同、重点突出。在这张思维导图中，每当看到这个图像或者符号时，我们就会意识到这个关键词的出现，帮助我们强化对重点内容的记忆和理解。同时，图像是用来展开想象的一种非常好的形式，用图像联想到的内容甚至比用关键词联想到的内容还要丰富，非常推荐感兴趣的读者朋友尝试。

3. 位置

在思维导图中，关键词的位置究竟应该在哪里才是正确的呢？如图 3-22 所示的四个思维导图分支，其关键词的位置都是错误的。

图 3-22　关键词的错误位置

1）字在线上

关键词是用分支引领出来并且承载起来的，关键词一定要在分支的线上才是正确的形式。

在图 3-22 左一图中的关键词在线的旁边，这是在结构图或概念图中非常常见的形式，可以清晰地表明架构关系。但是思维导图中的思维是发散性的，需要由畅通无阻的发散路径来传送。字在线条旁边，从形式上看，是"堵住了"信息的前进的，会传递给潜意识一个信号，那就是到这里停止了，从而阻碍了思维的发散。

其中，图 3-22 左二图中的关键词在线的下面，会很容易混淆这个关键词究竟是属于上面线条的内容还是属于下面线条的内容。右一和右二图中的关键词分别在线条的左右两边，看起来比较奇怪，所以线条的绘制不要呈现直上直下的形式，这样会让关键词无处放置，作者写关键词比较别扭，观看者也会觉得不知所措。

如图 3-23 所示才是正确的形式，关键词在线的上面，由它所在的分支线条来承载，并引发下一步的思维和信息发散。

图 3-23　思维导图中的关键词应在线的上面

2）长度

除了关键词在线的上面这个要求，同时需要让关键词的长度与线条相符。首先，在做思维导图时，我们需要为思维的发散保留足够的空间，合理地进行纸张的布局。其次，若要求关键词与所属的分支线条长度相当，在画线条时，要再次思考一遍已经想好的关键词，在再次思考时，能再次分析、再次确认关键词的选取是否合适，锻炼我们思维的缜密性。

在关键词与分支线条长度相当的要求下，还隐藏着另一个要求，那就是在做思维导图时，不要提前画好全部分支的框架，然后用关键词去填空。**如果提前画好分支框架，就限制了你的思维发散，而把自己拘泥在现有架构里，被动填空，而非主动打开，会极大地影响你思维的发散程度和效果。**

3）粗细程度

距离中心图越近的关键词，一般是越重要和抽象程度越高的关键词，尤其是在中心图外面第一圈主干分支上的关键词，它们代表的是从中心图发散出来的思考路径，可以用相对粗一些、大一些的字体来写这些关键词。之后随着分支和关键词的逐渐向外发散越来越细小。这是用粗细和大小来表达关键词重要程度的一种形式。

画一画

在这个步骤中，我们需要继续延展自己的"自我介绍"思维导图，把四个分支的内容尽力地向外打开，充分体现了关键词激活思维活口的效果（关键词如何激活思维活口及如何进行分类的内容，将会在后面的第 4 章中详细讲解）。

我们在这里首先可以努力做到的是，相同层级上的关键词，词性尽量保持一致，这样可以让我们描述的维度基本统一；其次告诉自己，每个分支线条上面的词语都只有一个，也就是时刻保持一线一词。我们可以观察和体会一下，一线一词会给我们的思考和内容的展开带来怎样的影响，这个内容也会在后面的第 4 章中详细讲解，不过我们在亲自动手体验之后，带着思考和疑问进入下一章的学习，将会让内容的吸收最大化。

这里仍旧给大家参考我的"自我介绍"思维导图，如图 3-24 所示。在上一个步骤中，给大家留下了悬念，这里我结合每个分支的详细内容，来对四个分支分别说明。

第一个分支的"绘"，介绍了我的主要业务形式和应用方向，其共同特点是它们的呈现形式都以手绘为主；第二个分支的"会"，代表"掌握、学会"的意思，我的课程分为面向普通学员的公开课及面向老师的导师班，另外"学会"是分不同级别的，所以课程是针对不同级别的掌握和学会而开设的；第三个分支的"汇"，代表"汇集、汇聚"，我的课程和咨询内容的目标是不仅汇集相关的思维方式进行整合、重构和落地应用，还汇聚了不同领域的内容，让跨界融合变成可能；最后一个分支的"惠"，我相信好的内容一定是能惠己惠人的，所以这里的两个子分支分别是"启己"和"利他"。相信有些读者已经发现了，这里的两个子分支后面的分支都是空的，这是为什么呢？我特意空出这两个分支，让大家看到我们在上一个步骤中讲到的留白，关于这个分支中如何"启己"和"利他"的内容，空出来是为了给自己更多的时间去思考更多的可能性，然后继续将这部分内容发散开。如果你在绘制思维导图的过程中，也有这样需要思考的部分，也可以尝试留白，但记得一定要再将内容填补完整，体验一下留白带给你的思维启发。

　　这个步骤体现了思维导图中最关键的思维展开过程，下面就期待看到你精彩的思维呈现了！你可以将思维导图绘制进图 3-25 的空白框中，也可以在上一个步骤中的图 3-15 中继续填补。

图 3-24　Rikki 的"自我介绍"思维导图关键词展开（供参考）

图 3-25　请为你的"自我介绍"思维导图进一步展开

3.1.4 四通八达寻关联

当我们在思维导图上尽情地享受发散思维带来的丰富成果时，我们面对一张纸上布满了思维精华的关键词，接下来，在这一个步骤中我们就要去找找这些关键词之间有怎样的关联了。这一个步骤是许多思维导图欠缺的部分，然而在我看来，**寻找关键词之间的关联，是思维导图作为思维工具的精髓之一**，如图 3-26 所示。

图 3-26 四通八达寻关联

1. 作用

如果说在前两个步骤中，分支和关键词带着我们展开了想象的翅膀，那么在这一个步骤中寻找关键词之间的关联就是思维发散之后的收敛，在已经形成的思维导图中寻找不同分支、不同关键词之间的逻辑关系，发现其底层的关联。

比较容易找到关联的是相同的关键词。如果一个关键词在一个或多个分支中出现，可以用关联线把它们连起来。若是这两个关键词之间有因果关系或递进关系，连起来之后可以选择在关联线上标注出关系说明。

2. 形式

关联可以用线段来表示，用实线、虚线均可，由关联的紧密性或重要程度决定。之后考虑一下被连起来的两个关键词之间的关系，在线段终端添加单向箭头或双向箭头。关联线从哪一个分支发出，就用哪一个分支的颜色来表示，若是双向箭头的关联线，可以思考哪一方的影响或重要性更大，就选择用哪一方的颜色来绘制关联线。

如图 3-27 所示的思维导图是我的老师孙易新博士的"自我介绍"思维导图，孙易新老师是来自台湾的华人思维导图大师，几十年来不断研究、践行、推广思维导图，他在思维导图领域桃李满天下。从这张思维导图中可以看出，他在教育和学术上的深入研究和实践。

图 3-27 中的关联线部分尤其值得我们参考学习。本书第 10.2 节也对此图的关联线进行了详细的讲解，我们可以看到，关联线除了可以体现图中内容的底层逻辑，更可以激发思考，促进成就螺旋式提升的个人成长（参考第 10.2 节中螺旋式提升的个人成长）。

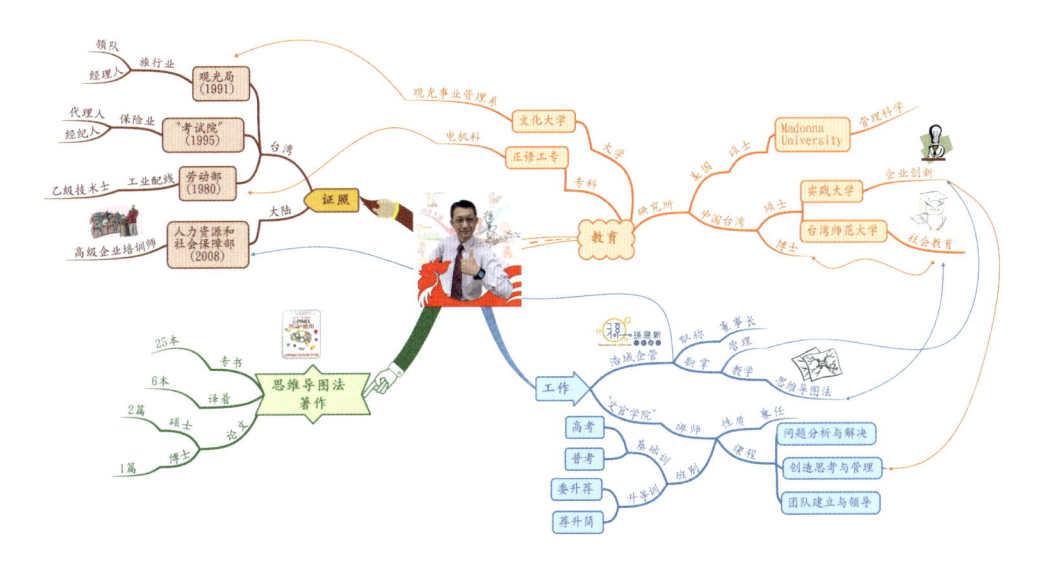

图 3-27 孙易新博士的"自我介绍"思维导图

如果同一个关键词在一张思维导图中多次出现，可以选择用图标或符号来代替关键词的书写，这样既可以用图像激发大家更加发散的思维，又可以避免多条关联线可能导致的思维导图显示混乱。

如图 3-28 所示是曾经 4 次获得世界思维导图锦标赛世界冠军的依琳（Elaine）的思维导图作品，这张思维导图介绍了她是如何学习的。在这张思维导图中，有两个图标多次出现，一个是眼睛的图标，另一个是钩子的图标。眼睛的图标总是跟在"re"这个字母组合之后，代表 review，也就是回顾、复习的意思。而钩子的图标经常与 review 同时出现，这两个图标的含义是在学习的过程中，只有不断地回顾和复习，才能不断地勾起回忆，并时刻保持对知识的记忆。这两个图标就是关键词多次出现用图标来表示的典型案例。

图 3-28　思维导图锦标赛世界冠军的依琳的思维导图作品

关联线或关联图标的出现，代表着思维导图的作者对绘制内容的深刻了解及深度思考。 哪怕是为自己做一张内容再熟悉不过的"自我介绍"思维导图，都可以像孙易新老师做的思维导图那样，找到底层的关联，也许这样可以对自己的下一步行动产生启发。

想象一下，如果你用手捏住一张思维导图的中心图，把一张思维导图拎起来，那么你拎起来的是一张信息网，其充满了发散思维及其背后的逻辑关系。

画一画

在这一个步骤中，我们的主要任务是从整张思维导图的关键词中，找到不同的关键词之间的关联，不论这些关键词在不在同一个主干分支中，我们都可以探索到关键词之间有关联的内容，然后将关键词用带箭头的关联线连接起来。

如图 3-29 所示，在我的"自我介绍"思维导图中，"会"分支上的"老师"由一条关联线连接到"绘"分支上的"培训"，说明老师在掌握了相关的知识之后，会通过培训的形式进行讲授。另外，"汇"分支上的"跨界"由一条关联线连接到了"会"分支上的"开发"，这里我想表达的是，经过跨界领域的融合，我们对新内容的开发有了很好的研究基础，同时这也是对"会"这个内容的高级别的应用。

请在上一个步骤中你做的"自我介绍"思维导图中，找到有逻辑关系的关键词，用关联线把它们连接起来吧。在寻找和连接关键词的过程中，好好体会一下，你将一张信息结构图打造成一张信息网的过程。

图 3-29　Rikki 的"自我介绍"思维导图中关联线的添加

3.1.5 五彩缤纷添插图

如图 3-30 所示,"5 指"绘制技法的第五个分支——五彩缤纷添插图。虽然这是最后一个步骤,但是并不代表插图是最后出现和最不重要的,相反,插图可以随时出现在任何一个有关键词的地方,替代关键词,同时,插图也有着相当重要的作用。

图 3-30 五彩缤纷添插图

1. 呈现

插图可以替代关键词,作为关键图单独出现,也可以与关键词一同出现,来加强对关键词的记忆和理解。

插图是思维导图中很特别的一个存在,不仅表现形式不同,而且需要的颜色也不同。在第二个步骤中"分支"的部分提到过,如果一个分支用一种颜色画下第一笔,那么这个分支所有的线条和关键词都需要用这个颜色。而其中只有一个内容不同，那就是插图，插图不仅需要与所属分支的颜色不同，而且与所属分支的颜色差别越大越好。

插图的位置一般有两种形式，如图 3-31 所示。其位置在所修饰的关键词之后的分支线条上面，或与关键词成为一体。这样插图就不会飘在思维导图的空白处，不知归属。同时，也能更好地修饰所属关键词，凸显重点。这两种方法均可，我个人更推荐第二种方法，插图就好像"长"在了关键词的"身上"，一体性和图文并茂的含义更强，而且可以把更多空间留给有价值的其他内容。

图 3-31 插图的两种位置

2．作用

用与所属分支不同的颜色绘制插图，可以更好地标记出重点，也可以帮助我们记忆和理解。

第 1 章中讲到思维导图在帮助人们记忆时，罗列的 30 个词语你还记得吗？Banana、爱因斯坦、磨天轮你还记得吗？记忆的特点之一是特殊性，这 3 个词是由于它们的与众不同而被记住的，我们说到了冯·雷斯托夫效应，简单来说就是，如果你面前有一堆苹果，只有一个是红苹果，其他的全部是青苹果，那么你记住的肯定是那个红苹果。插图就是要成为一堆青苹果中的红苹果，这样它才能被更好地凸显，它的存在才有意义。

你有没有留意到图 3-32 中也存在图标呢？在讲关键词的时候我们讲过，如果在一张思维导图中，某个关键词多次出现，就可以用图标来替代。如果你仔细看这张思维导图的话，可以发现，和平鸽是多次出现的一个图标，但其实它并没有那么容易被一眼辨别，为什么呢？问题就出现在颜色的选择上。每只和平鸽的颜色都与它所在的分支颜色相同，所以你在第一眼看这张思维导图时，这么多只和平鸽都是隐形的，只有仔细分辨或多次观看才能发现。在一张思维导图中，多次出现的内容显然应该是重点内容，而重点内容却没有被凸显，这是效率降低的一种表现。正确的做法应该是用不同的颜色来画出每一只和平鸽，并且颜色与所在分支的颜色差别越大越好，这样会让插图更明显，重点内容也更加凸显。

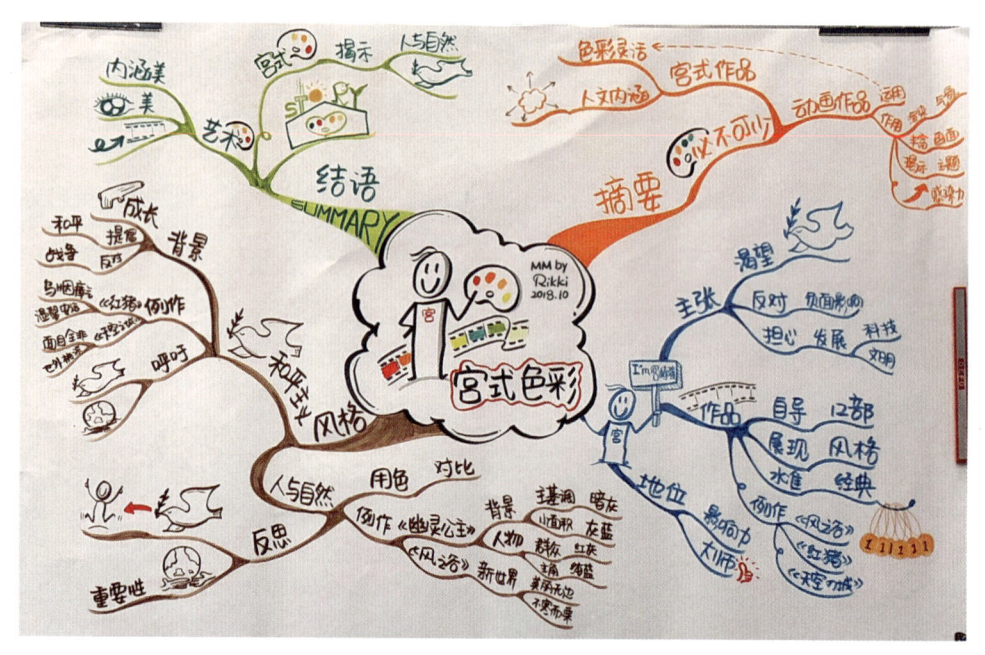

图 3-32　Rikki 绘制的《宫式色彩》思维导图

画一画

　　终于到了最后一个步骤，我们的"自我介绍"思维导图终于要完成了！在这一个步骤中，我们只做了一件事，就是给思维导图添加插图。

　　一定要记住在思维导图中添加插图的原则：只在需要强调的关键词处添加插图。让插图修饰的内容成为"一堆绿苹果中的红苹果"，让最重要的内容有效地抓住思维导图读者的注意力，提升对内容的记忆和理解。

　　如图 3-33 所示是我的"自我介绍"思维导图，我为这张即将完成的思维导图做了最后一个动作：添加插图。我在"汇"分支上的"思维"处和"惠"分支的主干分支上各加了一张插图，代表我对这两个词语的重要性的标识。我认为"思维"是基础、是底层逻辑、是奠定上层建筑的基石，所以务必要扎实和牢靠，如何强调都不过分。而"惠"及自己和他人是做大部分事情的终极目标，以终为始，才能保持不偏航。

　　这就是我的"自我介绍"思维导图，现在到你展示的时刻了！在你的"自我介绍"思维导图中，挑出你认为最值得强调的几个关键词，用插图进行装饰吧，可以继续在上一个步骤的图中填补。如果在前几个步骤中，又激发你产生了新的想法，欢迎你在图 3-34 中的空白框中，继续绘制一张全新的"自我介绍"思维导图！

图 3-33　为 Rikki 的"自我介绍"思维导图完成最后一个步骤——添加插图

图 3-34　展示时刻——你的"自我介绍"思维导图

3.2 视觉思维力快问精答

第 1 问：思维导图的第一个分支是从哪里开始的？

答：思维导图从钟表的 1 点钟方向开始绘制第一个分支，所以尽量以从浅到深、由表及里的方式展开分支内容。比如，在读书笔记思维导图中，首先，我们会在第一个分支中进行作者及主题的介绍；其次，引出后续几个分支对具体内容的说明；最后，建议用 AHA 分支来对全书的内容进行总结性的思考及心得收获的整理。

第 2 问：什么样的中心图是绘制合理且主题明确的中心图？

答：中心图首先需要足够吸睛，这样才能让人一眼就看到主题并且给人留下深刻的印象。这就需要我们在绘制思维导图的中心图的时候，满足以下几点要求：1. 中心图占据整张白纸约 1/9 的位置；2. 中心图中的文字非常清晰明确地展现作者想要表达的主题内容；3. 中心图的色彩鲜明，且能够很好地衬托文字并给予文字解释说明，甚至由图像引发深刻的思考。

第 3 问：如何选择思维导图中的色彩？

答：思维导图中的色彩以鲜明的颜色为佳，这样能在视觉上清晰地区分出不同分支，尤其是对于内容非常丰富的思维导图来说，这一点非常重要。至于每个分支应该如何选择合适的颜色，这与分支所要表达的含义有关。若有一个分支要描述"热情"，我觉得像红色或橙色这种表达积极情绪的颜色非常合适；若一个分支表达"规模"，我会想到在这个分支中，会有很多数据体现，对于理性客观内容的表达，蓝色或紫色可能更加适合一些。用不同的颜色去表达不同分支的含义，这对思维导图的绘制者及观看者的记忆和理解都有非常明显的好处。

第 4 问：全图型思维导图好还是全文字型思维导图好？

答：思维导图有 3 种表现形式，分别是全图型思维导图、全文字型思维导图及图文并茂型思维导图。具体要使用哪种形式的思维导图，需要根据这张思维导图的使用场景和目的来决定。

全图型思维导图非常适用于需要互动的场景，比如，用一张全图型思维导图做自我介绍，可以指着某个图像让对方去猜它表示的意义，这样的互动对于我们短时间内的深刻记忆有很大的帮助。

全文字型思维导图适用于工作场合的会议记录、领导发言记录等时间相对紧迫又比较严肃的事件。在这种情况下，用思维导图记录的目的是尽快地记录下来重点内容，并进行框架逻辑的梳理，所以视觉化呈现的部分在此情况下便不重要。

图文并茂型思维导图是我们在大部分的应用场景下建议使用的思维导图呈现形式，这种形式不仅能帮助思维导图绘制者享受制图的过程，而且能将这种享受的感觉传递给观看者，让观看者在欣赏这张思维导图的同时，思维可以跟随作者的思路走，并飞扬到这张信息网的各个角落。

第 5 问：分支向下的时候，文字应该写在哪边呢？

答：在绘制思维导图的过程中，有一个忌讳点是分支直上直下，在做思维导图时，不论是主干分支还是各个层级的子分支，都不建议出现分支直上直下的情况。我们在思维导图的"5 指"绘制技法中提到，分支的文字要在分支线的上面，但若分支线条直上直下，文字就只能写在分支线的左边或右边，这样会让线条看起来非常奇怪，并且会让接下来的子分支不好展开。如果在某个空间内，只适合将线条向下或向上画，不如索性就将向下或向上的线条通过相对艺术化的处理拉长至比较宽裕的空间之后，再向左或向右伸展开，这样就能让文字仍然出现在分支线的上面，并保持在适当的水平位置。

第 6 问：关联线是用来做什么的？如何选取颜色？

答：思维导图中的结构分为两个部分：树状结构和网状脉络，这个内容会在第 4 章中详细讲到，我们在这里先做简要的说明。我们经常见到的思维导图都是呈树状结构从中心向外发散而成的，当我们用关联线的时候，就是把树状结构升级成为网状脉络。

一般进行关联的内容有以下 3 种：1. 相同的内容；2. 有因果关系的内容；3. 通过连接激发创新的内容。关联线的颜色选取有 3 个规则：1. 单箭头关联线从哪个分支出发，就用哪个分支的颜色，同分支内用当前分支的颜色；2. 双箭头关联线要看哪个内容更重要，激发了连接之后又返回来继续强化的那个内容所在的分支颜色，就是关联线应选用的颜色；3. 若在思维导图中，如果某个关联很重要，并且需要作为重点来强调，那么可以不用关联线两端分支的颜色，用一个对比非常强烈的颜色来绘制，这样可以起到凸显关联线的作用。

第 7 问：在思维导图绘制中如何添加插图？花样主干分支如何绘制？

答：在思维导图中，插图并非越多越好，我们要明白插图的作用在于让所修饰的内容"成为一堆绿苹果中的红苹果"。插图是为了修饰重点内容而存在的，作为视觉动物，人们在看一张思维导图的时候，视线离开中心图之后，一定会转向其他有图的地方，若插图放在图中的重点内容关键词旁，则这张思维导图的信息被吸收的效率就会非常高，否则就是对观看者精力的浪费，关键内容可能会被错过。

花样的主干分支不见得在每张思维导图中都呈现，若有某几个分支内容是想要强调和想要特别凸显的，则可以适当地绘制与主干关键词相对应的视觉图像，由粗到细地、由中心图的连接处向外延伸。若对自己的作画能力不够自信，其实简单的半弧型或有机曲线就完全可以满足一般的思维导图分支的绘制需求。

第 8 问：在用纸笔手绘思维导图的时候，总是因为精雕细琢追求完美，从而浪费的时间比较多，不知道这样做的意义大不大？

答：我们在绘制思维导图之前，要很清楚一个问题，那就是，做这张思维导图的目的是什么？如果这张思维导图是用于展示、比赛等需要对视觉化呈现的部分有很高要求的场景中，则对视觉呈现部分进行精雕细琢，从而让这张思维导图整体看起来尽善尽美，确实是应该做的。但是，若这张思维导图是对一些内容进行梳理，或是对某个主题进行发散性思考，那么这张思维导图应该花更多的时间和精力去精雕细琢的部分在于框架的逻辑性、思考的严谨性、内容的全面性等方面，从而让这张思维导图多多闪耀思维的光辉。

3.3 本章小结

本章主要通过"5 指"绘制技法的讲解，带领读者朋友们一起掌握思维导图的基本绘制技巧，并绘制出一张属于自己的思维导图。我们一起来回顾一下"5 指"绘制技法及其要点吧。

1. 一心一意中心图。中心图要在一张横置白纸的中心，占据白纸约 1/9 的位置，颜色要求 3 色或以上。同时，中心图需要在含义上高度概括并清晰地展现主题。

2. 两全其美散分支。主干分支需要连接中心图，相关联的分支之间需要无缝连接；每个主干分支用一种颜色，色彩与含义相关联为佳；整张思维导图需要考虑整体的布局。

3. 三足鼎立关键词。关键词是一张思维导图的要素之一，需要考虑词性（以名词、动词为主）、词的数量（一线一词）及词的位置（词在线上）。

4. 四通八达寻关联。关联线是很多思维导图实践者容易忽略的部分，但它是体现系统思维的关键要素，可以帮助我们收敛信息、寻求逻辑关联。

5. 五彩缤纷添插图。插图需要用与所在主干分支不同的颜色来绘制，从而起到强调所修饰的关键词的作用。此外，插图并不是越多越好，插图的数量过多容易失焦，反而无法吸引大家的注意力、凸显关键内容。

第 4 章
逻辑思维力

4.1 思维导图"双关"心法

不少思维导图爱好者会问我,为什么做了一张思维导图,却觉得思维导图也不过如此,觉得思维导图就是一张漂亮一点的笔记图而已,画完就放在那里,也许再也不会去看了。若是这样的话,做一张思维导图到底有什么意义呢?

这是一个特别棒的问题,它引出我们对思维导图真正意义上的思考。我们说思维导图是一种发散性的思维工具,**如果这张图只是停留在表面,没有激发和引领更多、更深入的思考的话,那么这张思维导图就并没有完成,没有体现出它的价值和意义**。

我在第 3 章跟大家介绍了思维导图的绘制技法,在本章中,我向大家介绍思维导图的底层心法。我们要看到的不只是一张思维导图表面"好看"的中心图和插图,以及优美的分支线,还需要关注的是,**思维导图中每一个步骤背后的思考**,即这个关键词代表哪个层面的思考;那条关联线又是如何打通双方之间的底层逻辑的;在整张思维导图绘制完成之后,对整张图的全局思考又带来怎样的启发、心得和行动规划?这些都是值得我们继续深入思考的方向,也是本章中重点为大家介绍的内容。

本章中的关键词和关联性是全书中难度较大的部分,建议你反复阅读和体会,并时常用自己绘制的思维导图来与本章所讲述的内容比对，找出问题，并尝试用书中介绍的方式去解决问题，必定会对你思维的逻辑性、结构性、缜密性有非常大的提升。

4.1.1 关键词

在第 3 章中，我们已经说过了关键词是思维导图的要素之一，理解并掌握了关键词的作用及选取逻辑之后，思维导图作为一种思维工具，可以说，基本就被大家掌握了。

1. 关键词的作用

如果说关键词只考虑一个原则的话，那就是一线一词。在第 3 章中，我们也讲过一线一词在词性、词数和位置上的绘制技巧，现在我们就来看看背后的原因是什么。

如图 4-1 所示，**在思维导图不断打开的过程中，句子阻碍了思维的发散，而词语可以帮助我们打开思维活口**。所以，一线一词是我们在思维导图中尽情发散思维的原则和法宝之一。

图 4-1 一线一词，句子将大脑锁在牢笼中

什么叫打开思维活口呢？我们举个例子来说明。

如图 4-2 所示，思维导图的一个分支上是"一场失败的产品发布会"，看起来这件事情已经被描述得差不多了，似乎没有太多继续发挥的空间了。如果我们按照一线一词的原则，找到这个长词组中的主词，这个主词应该是"发布会"，那么我们尝试用"发布会"作为关键词，再结合其修饰语，来看看如何激发思维的发散。

图 4-2　分支示意图：一场失败的产品发布会

如图 4-3 所示，首先这是一场发布会，并且是一场产品发布会，那么在"发布会"这个分支之后可以画一条它的子分支"产品"。假设产品是实体的，是不是还会有虚拟的服务发布会呢？也许还有新闻发布会等各种发布会。于是，"发布会"的子分支内容就饱满起来了，我们以这三个分支为例。

图 4-3　发散的分支示意图 1

原文的长词组中说到这个产品发布会失败了，于是我们为"产品"这个关键词所在的分支继续添加子分支"失败"。与失败相对应的显然是成功，那么我们把"成功"

加在"失败"这个分支的对应位置上。现在"产品"这个分支有了两个打开的子分支，如图 4-4 所示。

图 4-4　发散的分支示意图 2

现在我们考虑一下，这场发布会失败的原因是什么？如图 4-5 所示，可能会有人员、财务、时间、信息、物资等各方面的问题存在，每个方面又有各种细节问题可以继续展开描述。

图 4-5　发散的分支示意图 3

找到存在的问题之后，就可以开始制定对应的解决方案了，方案制定出来后又可以责任到人，在每个方面去安排相应的负责人，最后，也可以将每个细节安排的时间节点添加上去，如图 4-6 所示。

图 4-6　发散的分支示意图 4

　　如果我们对"失败的产品发布会"可以这样去发散分析，那么对应的"成功"分支，除了避免失败的部分，还有哪些是实现成功的可能性因素呢？除了产品发布会，其他类型的发布会是否也有自己独特的考虑方向可以如此进行发散性分析呢？

　　于是，这张像扇形一样发散开的图，已经远远甩开"一场失败的产品发布会"这一个长词组所停留的一个分支的形式，让我们从一个全新的视角来看待所提出的问题，拆分现有信息，整合新创内容，思维向前迈进了一大步。这是用一线一词的原则打开思维活口的一个示例，也是线性思维与发散性思维明显区别的一个示例。

　　我们可以明显地看到，若只停留在一句话上，思维也会跟着暂停在那里，就像大脑被锁在牢笼中一样，停在原地不动。但若按照一线一词的原则，通过关键词来发散思维，我们就能看到各种可能性，考虑的范围更加全面，制定的方案也更加有效。也许一张思维导图就可以成为发布会所在项目组的一份行动指南，甚至可以形成一份发布会 SOP（流程标准规范），以后的各个发布会的流程都可以用来参考，有极大的价值和指导意义。

2. 关键词的选取

由关键词所引发的有价值的发散过程，是建立在正确选取关键词的基础上的。我们在第 3 章中提到过，关键词以名词为主、动词为辅，其他词性次之。除此之外，我们再来看看在一个长词组中、一句话中，甚至在一段话中，若要舍弃一些词语，应该如何做。

仍以"一场失败的产品发布会"为例，我们说过"发布会"是这个词组中的主词，必须留下，"产品"和"失败"都是在给"发布会"限定范围和定性的词，去掉它们会改变原意，所以也需要留下。而"一场"属于一个可有可无的词语，如果去掉它之后含义不会发生任何改变，所以可以舍弃。

因此，内容是否可以舍弃，就要看在这个内容删除之后是否对句意的表达有影响，若把内容舍弃后句意改变，那么就必须保留内容；若把内容舍弃后，对句意没有影响，那么就可以果断舍弃，因为一线一词的原则要求我们只保留有助于思维发散的关键词。

4.1.2 关联性

思维导图的内容呈现形式是关键词，而把关键词搭建起来的就是各个充满关联性的线条。在第 3 章中，我们讲到"四通八达寻关联"的时候，用了这样一个比喻：如果把思维导图想象成一个立体的形式，拎起中心图，你得到的是一个胳膊是胳膊腿是腿的扯线木偶，还是一张充满关联的信息网？我希望你拎起来的是一张信息网。若想真的实现，我们就需要从两种形式上分别来了解一下思维导图的结构，即思维导图关联性的两种形式。

这两种形式分别是树状结构和网状脉络。

1. 树状结构

你想象一棵大树的样子，由最粗壮的主干，生发出分支，再生发出子分支，直到长成一棵参天大树，如图 4-7 所示。思维导图也是这样的形式，一直呈发散的形式，直到形成一张"枝繁叶茂、满是思维精华"的树状结构图。

图 4-7　树枝结构图

激发思维活口的关键是关键词，在前面我们已经了解了关键词如何选取及关键词的作用是什么，选好合适的关键词之后又该如何进行关键词排布和结构梳理呢？这就是我们在树状结构这个部分要向大家介绍的内容。

1）结构性思维

（1）金字塔结构

金字塔结构是芭芭拉·明托在其《金字塔原理》一书中介绍的一种能清晰地展现

思路的高效方法，可以帮助我们训练思考，使表达富有逻辑性。这种方式也非常适用于思维导图在思考和绘制过程中的结构搭建。金字塔原理的一个重要原则是 MECE（Mutually Exclusive Collectively Exhaustive）原则，中文的意思是相互独立，完全穷尽。用 6 个字简单来解释就是，不重复、不遗漏。

不重复，要求我们看每个相同层级的分支内容，是否做到了互相不包含。举一个特别常用又简单的例子，如果把"人"进行分类，"男性"和"小孩"是不重复的吗？答案：不是。因为小孩包括男性和女性，所以这个分类就没有做到不重复，即没有做到相互独立。

再来看一张自我介绍思维导图，如图 4-8 所示。自我介绍经常会从教育、家庭、工作等方面来介绍，这几个方面都是不重复的。在图 4-8 中的第一个主干分支是"个人"，"个人"这个词在自我介绍思维导图中包含的内容非常广，可以说整张思维导图都是围绕"个人"进行介绍和展开的，所以，"个人"是包含后面的"教育""家庭""工作"这几个分支的，没有做到不重复。

图 4-8　学员 Wendy 的自我介绍思维导图

不遗漏，要求主干分支对中心主题的描述包含全部可以考虑到的方面。就像一张比萨饼，每一块都有所属，而不会被落下。不过在实际中，次次都做到不遗漏是一件难度很大的事情，有的时候也没有必要。比如，我们要对"高效能人士的习惯"这个主题进行分析，可以提升效能的习惯有很多种，而且不同的人的适用情况也不一样，也许你适合这五种，他适合那八种，要看具体的情况。所以，也许那本《高效能人士的七种习惯》一书中提及的七种习惯就足以覆盖大部分人适用的习惯，而没有必要去穷尽百八十种的可能性。

但是，如果用思维导图进行思考的主题是一个流程、步骤、产品性能、目标客户群体、营销方案等有明确目标界定的问题，就要努力穷尽各种可能性，以便于全面思考和分析问题，并有效地解决问题和使方案落地。比如，用5W2H这个逻辑模板去思考和分析一个问题，就是用相对穷尽现状的方式，去帮助我们不遗漏地梳理目标问题的各方面信息。

所以，在一张思维导图中，相同层级也就是相对应的分支和关键词做到不重复、不遗漏，就基本符合了金字塔原理所说的MECE原则，即相互独立，完全穷尽。

（2）位阶

位阶是指位置和阶层。对于这一点，我们主要考虑关键词应该在哪里出现，关键词之间的阶层关系又是怎样的。这也是让一张思维导图充满逻辑性的关键思考步骤。

① 位阶的关系

位阶的关系有两种，分别是相同位阶的**对应关系**和上下位阶的**从属关系**。

如图4-9所示，"视觉思维力""逻辑思维力"和"创意思维力"属于相同位阶，它们之间是对应关系。而"三大思维力"是前面所说的三个思维力分支的上位阶，三个思维力分支是"三大思维力"这个分支的下位阶，即从属于"三大思维力"。上下位阶之间是从属关系。

图 4-9　相同位阶与上下位阶

如果说 MECE 原则是让我们思考对应层级之间（如图 4-9 中三个思维力分支）关键词的关系，那么位阶的介绍更多的是帮我们思考从属层级之间（如"三大思维力"与三个子分支）关键词的关系。

② 重要性

越靠近中心图的关键词位阶越高，围绕中心图的主干分支上的关键词是较高位阶的关键词，它们的抽象度较高、重要性较强、统领性较强；位置越往外层的关键词位阶越低，相对来说，其抽象度越低、越具体，重要性也越低。

如果一张思维导图满载思维精华，但是现在只有 10 秒钟的时间要把它介绍完，那么我们能提及的也许只有中心图；如果有 30 秒的介绍时间，那么可以讲到主干分支的内容；如果有 3 分钟的介绍时间，那就太好了，可能每个分支都能被涉及；如果有更长的时间，就可以就某个细节内容多讲、深讲。所以，在时间不够多的时候，我们舍弃掉的就是低位阶的内容，而保留高位阶的相对重要和有统领性、概括性的内容。用递减的时间尝试说出思维导图中的内容，这也是一种可以检验关键词层级是否放置正确的有效方式。

我经常用这样一个比喻去形容高、低位阶之间的关系：可以把一张思维导图在树状结构中的信息呈现想象成一个公司的组织架构图，中心图就是 CEO，围绕中心图的主干分支是汇报给 CEO 的部门 VP 们，他们的子分支就是部门内的经理，经理又各自统领着主管，主管管理着普通员工，有些普通员工还带领着一批实习生。这样，一张结构十分清晰的组织架构思维导图就形成了。如果这才是应该有的一层层打开的层级架构的话，可以用这个架构去比对自己做的思维导图，是否让实习生直接跟 CEO 或 VP 跨级对话？它们中间跨了几级？相互之间的层级处理清楚了吗？多问自己这样的问题，并找出层级的缺漏，将组织架构补充完整（可参考图 11-9 及其讲解）。

层级缺漏在思维导图中经常表现为，在做思维导图时，觉得思维已经打不开了，好像才发散了一两个阶层的内容就已经到头了。出现这种情况的原因一般是"让实习生直接跟 VP 或经理对话了"。也就是说，你的内容在还没有足够打开和发散的情况下，一下就分散到了细节的部分，当然就无法继续打开了。

我们在思考问题的时候，总是会不经意地思考很细节的内容，而忘了确认思考的方向是否正确，也就是我们在第 1 章中讲到的"先见森林再见树木"的问题。所以在用思维导图引领我们进行思考的时候，务必要记住："先见森林"就是我们要先找到结构，即路径。在正确的路上才能进行正确的思考，不然直接思考细节的内容，也许方向并不是我们要的，或者说直接已经走到头，没有路了，就把自己困在那里了，也就是我们常说的"方向不对，努力白费"。**这也是为什么我们会有思维打不开的感觉，因为前方已经无路可走了，需要我们回头看，看清整体架构，找到需要跨越的层级，再慢慢打开思路。**

如前面的图 4-6 所示，如果在开始分析时，你就去想导致这场发布会失败的原因是财务部没有及时批下预算、是某某同事当天没有按照 SOP（流程标准规范）执行方案、是发布会主持人播报错误导致的流程混乱等，那么你的思考就走到了细节的死胡同，可能就无法展开分析，看不到我们之前说的那个扇形一般美妙的分析全景的思维导图了。

可以再翻回上一节中这个案例的说明部分，回顾一下这个问题的分析思路，是如何从一个长词组到一个关键词，再到一张展开的思维全景图的。那样一个展开的过程就是没有发生层级缺漏的过程，可以将这个案例记住，随时提醒我们在绘制思维导图的过程中，不要因为"让实习生直接与 CEO 对话"而错漏信息的层级，让思维导图的层级完整，从而让思考完整。

（3）始于关键词，但绝不终于此

关键词是思维导图的思考和绘制过程中难度很大的部分，当我们提炼概括出合适的关键词，并用它来表达内容和逻辑结构的时候，是非常棒和充满成就感的。但是这种成就感不是我们由此停留下来的理由，有些人会带着这种成就感沾沾自喜而"见好就收"，忘记继续前行，这是十分危险的事情。无论思维导图带着我们的思维发散到何种地步，都是我们前进路上的一处风景，前方的风景定会更精彩。

所以，可以把关键词当作路牌、里程碑——每一个路牌都指向下一个目标；每一个里程碑都纪念当下的美好、激发更高远的价值实现。用关键词不断地引导着思维继续探索得更宽广、更深入。

2）逻辑分类

在整理出各分支线的关键词之后，我们需要做的是将关键词进行合理的分类，并形成有层级的架构，在这个过程中，让信息有层级、有逻辑地发散和收敛。

我们经常会听到人们说"你的表达很有逻辑""这个人说话条理分明"等，其实在大部分情况下，是在说你的信息传达是有逻辑分类的。

比如，领导要求两个手机销售人员小张和小王分别汇报一下近期的市场竞争状况。

小张说："哎呀，最近市场竞争越来越激烈啦，我们的 ×× 功能被 A 公司模仿，抢走了我们好大的市场份额，我看我们得赶紧继续开发其他功能，不然竞争力会被削弱。"

小王说："我从竞争对手、技术人员和市场开发 3 个方面分别汇报一下近期的市场竞争状况。

"首先，分析竞争对手，虽然我们的××功能非常受大众喜爱并被竞争对手学到，但是毕竟专利在我们手上，竞争对手只能学到表面功夫，只要我们继续深挖，他们在考虑成本的投入之下，不会跟随太久；其次，分析技术人员，最近技术人员的流失率比之前有些上升，也许需要考虑一下员工的激励政策，让我们的技术能更好地维持和发展；最后，分析市场开发，我们可以考虑去呼声较高的YY片区进行销售渠道的开发，先竞争对手一步占领市场，这样就会处于比较主动的位置。"

如图4-10所示，若我们用图示来分析小张和小王的思考过程，则可看出他们两人思维模式的明显差异：小张的思维模式偏向线性思维，而小王则以发散性思维将问题考虑得既有广度，又有深度。

图4-10 小张与小王的不同思维模式

如果你是公司的领导，你会对小张和小王两人谁的回答更加满意呢？显然是小王，对吗？并且小王也许会成为你的重点培养和提拔对象。原因是什么呢？我们从3个方面来分析一下。

思考的全面性。首先，在思考问题的时候，从一个方向切入和还是从整体切入，代表了他思考问题的角度是单点的还是全局的。有分类的意识带来的思考方向必定是相对全面的，所以小王一开始就给出了几个思考问题的方向，让领导感觉到他思考问题是有架构、有全局性的。

看问题的视角。小张只是站在自己作为销售人员的角度来分析问题，问市场竞争情况，他就回答竞争对手的做法。而小王是从领导的视角换位思考：如果自己是领导，可能就会看到什么样的问题呢？于是小王除了分析竞争对手，也分析了可能会引起现有竞争对手做法的问题，即技术人员可以超过竞争对手的做法——市场开发。

有问题也有解决方案。小张将自己的观察和感受说出来之后，其实也抛出来了一个问题，即继续开发其他功能。但是小王不仅说出了3个自己的观点，还在抛出观点之后给出了相应的解决方案。领导看到了小王解决问题的能力，也给领导减轻了解决问题的负担，所以，领导能不喜欢小王这样的员工吗？

可以看到，当一个问题出现在眼前时，如果我们立刻用小王这样的分类来分析和处理问题，那么问题就被呈现得更加有逻辑、更加全面，于是就有更好的分析和处理结果。所以，掌握这样的逻辑分类能力非常重要，也是凸显思维逻辑能力的关键做法。

我们在日常的工作、学习、生活中，随时都有意识地让自己在思考事情和问题的时候带着一种分类的概念，时刻问自己：除了这样做，还有别的做法吗？让自己慢慢形成分类的习惯，那么我们也能拥有上文案例中小王的思考优势，即全局性思考、以他人的视角思考及有解决方案的思考。

2. 网状脉络

树状结构形式的思维导图是我们在日常生活中见到的较多的呈现形式，不过一张完整的思维导图除了树状结构，还有一个必不可少的组成部分，就是网状脉络。它是由第3章内容中的"5指"绘制技法中提到的"关联线"所形成的。

我们将关键词分类之后形成树状结构的各个分支，让信息得以发散和收敛，对中心主题进行了充分的展开说明。然后如果通过关联线连接不同分支的关键词、打通分支之间的隔离，就能助力我们看到整个信息框架的底层逻辑，从而形成信息系统。

如图 4-11 所示，是我看了《六顶思考帽》这本书之后，做的一张读书笔记思维导图。可以看到，其中我用了三条关联线跨分支做了连接。比如，从白帽分支上的"信息"指向蓝帽分支上的"焦点"，代表要从获取的信息中最终确认焦点；在黑帽分支上的"应用要点"子分支中，"2 结合"的部分就是在讲黑帽的应用要在之前结合绿帽、之后结合黄帽，于是在这里便有了两条关联线，分别连接了绿帽分支和黄帽分支。

图 4-11 《六顶思考帽》读书笔记思维导图

对不同内容的关联，尤其是把跨分支之间的内容进行关联，能够让我们看到在一张思维导图中信息的整体性，更好地从全景的视角来理解整个中心主题的内容。同时这也能区别出在思维导图中，作者是否更加深入地对主题进行思考，这张思维导图是否有更加值得深度观看和研究价值的关键点。

4.2 逻辑思维力快问精答

第 1 问：为什么我总是感觉做的思维导图明明结构很清晰，但就是逻辑性不强呢？

答：结构很清晰说明你的思维导图绘制能力已经达到了一个比较不错的水平，但为什么会出现结构清晰却逻辑性不强这个问题呢？需要考虑的一个问题是，在你做的思维导图中，处于同位阶的关键词是否排列得不够整齐。

我们可以根据本章第 1 节中针对关键词的内容，检查所选取的同位阶上的关键词的词性是否是相同的、对上位阶的关键词的展开说明又是否在同一个维度上。还记得我们在前面内容的关键词讲解时使用的一个比喻吗？如果这张思维导图是一张公司的人员组织结构图，那么在同一个位阶上的关键词就是同一个职能岗位上的员工。检查一下这些"员工"是否正在乖乖地向自己的领导进行汇报呢？会不会有些"员工"正在跨级别汇报呢？若有，则说明这些"员工"所代表的关键词并没有处于正确的逻辑层级之上，需要重新进行梳理和修正。通过这个比喻，可以更清晰地理解关键词的位置是否正确，从而让整张思维导图实现逻辑的相对清晰和缜密。

第 2 问：如何处理关键词的位阶情况？

答：关于关键词的位阶，我们要考量两个方向的内容，即同位阶与从属位阶。

同位阶是指由同一个关键词发散出来的处于并列关系的一排线条，这些并列线条上的关键词，就属于同位阶的关键词。对于这些关键词，需要考虑到它们的词性及所属维度是否一致的问题，以保证分类清晰、逻辑正确。

如果处于上下位阶的关键词为从属关系，这时需要考虑的是，下位阶的关键词是否在含义上从属于上位阶的关键词。如果是的话，则从属关系正确，反之则需重新考虑选词。在上下从属位阶这里，切忌出现"切句子"的情况。"切句子"是指一连串的关键词一直在以上下位阶的关系向下、向深延展，但是把这些关键词连起来读的话，其实是一整个句子，而关键词之间没有任何从属性的关联。这种表达完全没有逻辑性可言，是一定要避免的。

第 3 问：关联线是用来连接什么的？

答：我们可以简单地把关联线的作用分为对 3 种类型内容的连接。

第一种类型是连接完全相同的关键词。在一张思维导图中，一般来说，如果一个内容在不同的分支内重复出现，说明这个内容在不断地被强调，是比较重要的内容。当把它们关联起来之后，也许就可以看到由这一个关键词串联起来的整体内容中的逻辑线或故事线。

第二种类型是连接有因果关系的关键词。如果在关键词之间有因果关系或是引发、被引发的关系，则把它们连接起来会将思维导图打造成一张具有逻辑关联的信息网。关联线是从箭头的方向"因 / 引发方"出发，至"果 / 被引发方"结束。

第三种类型是连接内容关联度看起来完全不同或不相关的关键词。这是我们非常鼓励的一种做法，因为思维导图除了用视觉化、全脑式的方式帮助我们整理信息、激发思考，还可以帮助我们实现开拓和创新。将完全不同的关键词关联起来，这种方式叫作"硬关联"。通过"硬关联"可以产生什么样的结果、碰撞出什么样的火花，都非常值得我们期待，也许会带来非常不一样的创新点。读者朋友们不妨多尝试这种做法。

无论是哪一种类型的关键词连接，我们都鼓励不仅在分支内部进行关联，还可以多去找找不同分支之间的关联，这样在整张思维导图中都布满信息的串联，从而形成一张逻辑密布的信息网。

第 4 问：金字塔原理是如何在思维导图中运用的？

答：金字塔原理运用在思维导图中，主要是帮助我们形成思维导图的逻辑结构，帮助我们在思维导图中进行更好的分类，所以它更多地体现在同位阶的关键词的选择上。如果用比较简单的方式来记忆金字塔原理，就是 6 个字：不重复、不遗漏。

不重复是指处于同位阶的关键词在表达的内容上不要有互相包含的部分。比如，在一张自我介绍思维导图中，有三个分支分别是"学习""工作"和"生活"，这三个分支能够非常清晰地体现对自我介绍这个内容的分类说明。除了这三个分支，第四个分支叫作"游泳"。"游泳"这个词显得非常突兀和格格不入，因为"游泳"大概率是属于"兴趣"或"运动"中的一种，而无论是"兴趣"还是"运动"，都可以归属于"生活"这个大分类中。所以，"生活"和"游泳"两个分支有包含的关系，不符合不重复的要求。

不遗漏是指我们在对一个内容（中心主题或某个关键词）展开说明的时候，需要考虑到这些被展开的关键词是否不遗漏地囊括了相对全面的说明或步骤等。这个要求会难做到一些，因为并不是所有的分类都能够或需要被我们囊括在思维导图中。但是在正常情况下，我们要做到尽量在展开说明的同位阶关键词中包含所从属的上位阶关键词／中心主题的全部内容，从而将它说清楚、写完整。

第 5 问：如何在思维导图中看出线性思维和发散性思维？

答：思维导图和传统笔记最大的区别在于其背后思维方式的不同，两者背后的思维方式分别是发散性思维和线性思维。线性思维是思维像沿着一条线在往下延伸发展，而思维导图中的发散性思维，则是思维从中心向外发散，逐步形成一个向外无限扩张的信息网络，最终生成一朵绚烂绽放的思维之花。

想要实现思维导图的发散性思维效果，需要我们严格按照思维导图中的逻辑性要求，也就是按照关键词的选择要求来进行各个层级的思维发散。我们在第 1.2 节里提到要建立一种发散性思维的意识。当我们在处理一个问题的时候，首先可以在大脑中铺一张虚拟的画布，在这张画布上，把问题作为一张思维导图的主题，形成中心图。然后开始搭建思维框架，同时结合同位阶、上下位阶的逻辑要求进行层级的展开说明，从而形成一张延展开的思维导图。这就是思维导图引导我们形成的发散性思维的过程，从形式到本质都与线性思维截然不同。

在前面第 2 问中提及的"切句子"是线性思维的一种典型表现，也就是在上下位阶的关键词之间没有体现出从属关系，而仅仅是将一句话中的词语按顺序依次摆放在思维导图中逐步深入的分支线上，有深入的形式，无深入的思考。

只要我们在每一个关键词之后，都以同位阶和上下位阶的逻辑性来填写一张思维导图中的关键词，就能慢慢地帮助自己达到用思维导图实现发散性思维的目的。

第 6 问：经常看到在思维导图中有很多主干分支，这样是合理的吗？

答：思维导图中有很多主干分支甚至主干分支的数量还在不断增长，这种现象基本只会在一种情况下出现，这种情况叫作头脑风暴。在头脑风暴中，由于想法和创意被鼓励着不断涌现，这时我们对数量的追求是有着更高的优先级的，因为只有更多数量才是更有效内容的生发基础。但是在思维导图的生成过程中，这仅仅是第一步的思维发散，在这之后，我们会将所有的关键词进行归纳，然后把关键词进一步地展开。

除了头脑风暴这种方式，我们在做其他归纳性思维导图或个人思考思维导图时，都需要注意一个点，那就是不要一直不停地罗列同位阶的关键词。从极端的角度来说，只要出现两个分支，就可以开始进行归纳了。所以，当同位阶分支内容在 3 个方面以上，尤其是在 5 个方面以上的时候，可以先暂停，务必考虑一下是否还可以再分类。这样做的思维导图的逻辑性就会更强，思维层级的高度也会更高。我们可以参考第 11.2 节中"总裁式思维"的内容去更加深刻地理解这个问题。

第 7 问：为什么我的思维导图内容打不开，总是写着写着就写不下去了？

答：这个问题经常出现在刚刚开始学习思维导图的实践者中。在做思维导图的过程中，为什么会写着写着就写不下去了呢？最常见的一种可能就是关键词的层级相对太低。简单来说，就是选择的关键词太具体了，直接到很细节的层级了。

比如，在一张自我介绍思维导图中，三个主干分支分别为"学习""工作"和"生活"，这 3 个词涵盖的内容非常广，所以这张思维导图可表达的东西非常多。但是如果把"学习"这个关键词替换成"线上课"，在进行下位阶关键词延展的时候，关键词大概是与时间、平台、人员、主题、日程等相关的说明。但是不论把这些关键词怎么延展，其内容都只是围绕着"线上课"进行，范围十分有限。如果把这个分支的关键词改为"学习"，你就会发现学习的部分有专业方面的学习，有个人兴趣爱好方面的学习，同时还可以分类成硬技能与软技能的学习。以软技能提升为例，分为线下课和线上课，其中线上课中的一门可能是我们刚才举例的那一个"线上课"分支的内容。

所以，通过对关键词的不断分类整理，让整张思维导图的逻辑结构的维度不断提升，也就是在帮助我们不断提升思维层级。跟上一个问题一样，我们也可以参考本书第 11.2 节中的"总裁式思维"深入了解思维升级的内容，锻炼思维升级的能力。

第 8 问：我知道思维导图需要向外发散思维，但是在绘制思维导图的过程中难以掌握重点，思维发散着就乱了，这个问题如何解决？

答：在做思维导图时，思维的发散方式是有规可循的，这条规则就是我们的逻辑框架。而形成逻辑框架的思考方式，就是做思维导图的两种思考方式，它们分别是水平思考和垂直思考。

水平思考可以帮助我们从一个中心主题或一个关键词，向下位阶的一系列并列关系的关键词发散。它引导我们的大脑进入一种发散模式，更好地进行自由联想，从而实现内容的延展。

垂直思考则可以帮助我们进行上下位阶的关键词之间从属关系的深入思考。它引导我们的大脑进入分析模式，更有逻辑地继续研究和深度探索。

关于水平思考和垂直思考的内容，请阅读第5章的"创意思维力"部分，进行更加深入的了解。

4.3 本章小结

1. 关键词是思维导图中比较重要的因素之一，而一线一词则是关键词所有应用原则中的精髓。一线一词可以帮助我们打开思维活口，实现发散性思维，成就结构搭建或创意激发。

2. 思维导图中的关联线不仅是指通常理解中的树状结构，还指成就系统网络的网状脉络。

3. 思维导图中的树状结构要求在结构发散的过程中，遵循金字塔结构的MECE原则，即在各个层级的分类中，都要尽量做到不重复、不遗漏。

4. 在思维导图的层级中，有一个专属名词叫作位阶，即位置和阶层。相同位阶的关键词为对应关系，而上下位阶的关键词为从属关系。

5. 思维导图的网状脉络在树状结构之后，它更好地体现了不同分支内容之间的关联，帮助助力我们看到整个信息框架的底层逻辑，从而形成信息系统。

第 5 章
创意思维力

5.1 如何展开创意思维的翅膀

思维导图的一个常见应用形式是头脑风暴，正是因为大家都知道思维导图可以帮助我们打开思维、激发我们的创意，让我们获得更多的想法。然而，大家不知道的是，以思维导图实现创新之路，是由两种思考方式铺就的，这两种思考方式分别是垂直思考和水平思考。

5.1.1 垂直思考让思绪飞扬

垂直思考又称为思绪飞扬，其来源于英文 brain flow，我们可以想象一下，阳春三月随风摆荡的柳枝，我们的思绪也像柳枝一样伴随着春风飞扬，如此舒畅，没有阻碍。那么思绪是如何飞扬的呢？我们来看一个例子。

以"母亲节"这个词为例，说到母亲节，你会想到什么呢？我想到了康乃馨，说到康乃馨，你又想到了什么呢？就这样，每写出一个词，就去联想跟这个词相关的另一个词，一直这样写下去，看看 1 分钟的时间，你总共能写出多少个词。看书的伙伴们可以拿一支笔，在本子或纸上，随着我一起画画线条、写写词语。

你写出了多少个词呢？10个？15个？20个？太厉害了！给大家参考一下我的垂直思考手绘图，如图5-1所示。

图 5-1　垂直思考手绘图

如上面所说的一样，让思维随着上一个词的产生而继续生发不停顿的思维状态，我们把它叫作思绪飞扬，也就是垂直思考。那么写到哪里才是停顿的时候呢？这与我们用垂直思考的场景相关。

如果是以创意发散为目的的垂直思考，那么就没有限制，一直写下去，直到达到截止时间、没有书写空间等外部限制的要求为止。

如果是以问题分析为目的的垂直思考，就要一直延续到发现问题的本质原因为止。

关于上述的第二条，丰田汽车公司内部有一种问题分析方法叫作"5WHY"法，即遇到任何问题都要连续去问5个为什么，刨去表层现象、找到本质原因。

比如，有客户投诉在驾驶丰田汽车的过程中，出现了刹车问题，要找到原因，就用"5WHY"法进行分析。

为什么在刹车过程中汽车会出问题？答：因为汽车的刹车盘出了问题。

为什么刹车盘会出问题？答：因为刹车盘上的一个螺丝钉松动了。

为什么刹车盘上会有螺丝钉松动？答：因为组装工人开了小差。

为什么组装工人会开小差？答：因为组装工人一人兼三职，过度劳累。

为什么会有一人兼三职的情况？答：因为薪资不均，导致员工流失率上升，岗位人员紧缺。

所以，最终要解决的是什么问题呢？是由于人力资源部门的薪资福利问题导致的员工流失率上升的问题。如果按照第 1 个问题的答案去更换刹车盘，或根据第 2 个问题的答案去检查生产线，其实都没有解决根本问题。那么，下次就算刹车盘不出问题，也会出现别的问题。

从以上可以看出，**多尝试应用垂直思考的方式，可以帮助我们保持思维的流畅性，还可挖掘看待问题本质的深度。**

5.1.2 水平思考让思绪绽放

水平思考又称为思绪绽放，其来源于英文 brain bloom。我们可以一起看图 5-2 中两图的对比，来感受一下像花朵一样绽放的思维，有多美、多精彩。

图 5-2 花朵绽放图（左）与思维导图主干分支发散图（右）

我们来做一个小练习，体验一下思维的绽放吧！如图 5-3 是一支铅笔，这支铅笔与我们日常使用的铅笔无异，那么，铅笔除了我们知道的基本功能——写字，还有哪些功能呢？

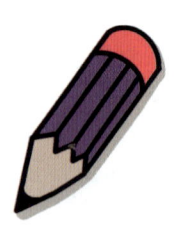

图 5-3　铅笔用途的思维导图中心图

在 1 分钟内，想到铅笔的任何功能都可以写出来，除了考验我们的手速，更是考验我们的创意和思维不受限制地绽放呢！

如果按照 6 秒钟写出 1 个功能的话，理论上 1 分钟可以写出 10 个功能，你写出了几个功能呢？有没有写出 10 个呢？我知道很多小伙伴会说："写出 10 个太难了！写不出来怎么办呢？"

对于这个问题，在我的课堂上，学员们所书写出铅笔的功能的数量和想法会分为三类。

第一类，写了不到 5 个。觉得自己太没有创意了，写了 5 个功能就实在想不出来了。

第二类，写了不到 10 个。想法比较多，但是写到 7~8 个功能就到了瓶颈，再想多写也很难写出来了。

第三类，写了将近 20 个。这类的小伙伴已经摸到了门路，但他们自己也说不出来为什么，只是说如果还有时间，就还能无穷尽地写下去。

你属于哪一类呢？

其实，思维的绽放、创意的打开都是有套路的，在这 1 节中要跟大家讲的创意方式就是让思维不断绽放的水平思考。

让我们一起想想看，对于日常生活、学习、工作中都会用到的铅笔来说，如果我们把它的功能进行分类，会有哪几类呢？首先，它是一种日常用品，我想到了衣、食、住、行 4 个分类；其次，铅笔也是书写工具，可以有"教育"的分类；此外，小朋友们也经常用铅笔来玩游戏，于是再加上"娱乐"的分类。所以，从功能的分类上，我把铅笔的功能分成了 6 类，如图 5-4 所示。

图 5-4　铅笔用途的思维导图主干分支

那么现在，我们分别从每一个分类出发，为每一个分类的分支继续打开 3 个子分支，写出这个分类下的铅笔的 3 种功能。比如，在"衣"这个分类中，铅笔可以做扣子、衣架，甚至还可以做发簪，是不是轻松地就写出 3 个功能了？再来看"食"这个分类，铅笔可以做筷子（有包装和消毒）、餐盘垫、锅仔支架等。

所以，如果在每个分类中都轻松地写出铅笔的 3 个功能的话，是不是 6 个分类就能轻松地写出 18 个铅笔的功能呢？对于 1 分钟写出 10 个铅笔的功能的这种要求，也许你会说："我有太多的想法，只是时间不够。"

说到这里，我们回头看前文提到的第 3 类课程学员（写出将近 20 个铅笔的功能），他们是不是就是这样的表现呢？他们其实已经摸到了门路，这个门路就是，他们知道在分类的指导下一直打开想法并延续下去。比如，其中有一位学员在跟大家分享她写的 20 个铅笔的功能时，她说："我觉得铅笔可以当教鞭，所以写了'打孩子屁股'（当然我们并不倡导暴力教育，只是在介绍一种思路），然后我就想到了还可以打桌子、打椅子、打鼓、打灯、打床，甚至还可以用来打老公！"听到这里，教室里的其他学员都被逗得捧腹大笑。虽然有些无厘头和搞笑，但是确实她是在分类意识的指导下，将思维进行扩张，达到了 1 分钟写出很多铅笔功能的要求。

从思维导图的角度来说，要分析和处理的问题是思维导图的中心图，而每一个分类其实就是思维导图的主干分支，在主干分支之后还可以继续有子分支，也就是大分类中的小分类，让分类的意识一直进行下去，让内容不断地展开和发散。所以，思维绽放的"套路"即是在分类的指引下，找到更多发散的可能性，每一个分类像是从花蕊中生长出来的一片花瓣，花瓣之间是水平的并列关系，由它们组合起来形成的花朵才是最美丽的一个解决方案。让我们的思维在水平思考的指引下，像花朵一样，无限地绽放精彩吧。

在第 4 章结尾处，我们提及的《六顶思考帽》（如图 4-12 所示）是水平思考的典型应用方式之一，全体人员通过在同一时间只从一个角度进行思考的方式，实现 6 个不同角度、不同分类的并列思考，即水平思考，从而大大地提升分析和解决问题的效率。

应用思维绽放式的水平思考方式，不仅可以帮我们提升创意性，还能提升我们在众多的好点子中发现正确点子的可能性，即打开思维的广度，帮助我们用不一样的思路来找到解决问题的方案。

5.1.3 垂直思考 + 水平思考的综合应用

下面我们用一个网络上常见的思维小游戏，来一起看看结合了垂直思考和水平思考的思维方式如何帮助我们分析和解决问题。

> **思维小游戏**
>
> 将 24 根火柴（或者棉签、牙签）按照如图 5-5 所示摆成 4 位数字 5008 的样子，接下来，要求只移动两根火柴，让它变成最大的数字！注意哦，结果是一个数字，而不是算式。

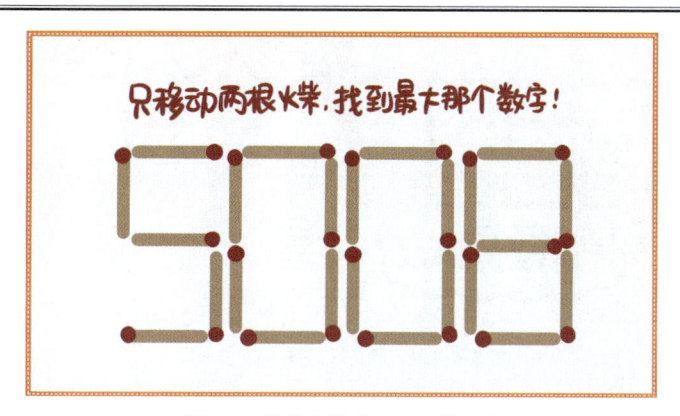

图 5-5　思维小游戏：5008 及要求

我们用 5 分钟的时间来思考一下这个问题吧，记得要不断动手去尝试各种可能性，只盯着图看很难找到答案。另外，要不断地告诉自己一句话：真正的答案比现在呈现的这个数字要大，而且大很多很多！一直让自己去挑战，找到更大的数字。

你找到的最大数字是多少呢？其实最终答案中的数字是多少并不重要，真正重要的是思路。还记得本节的主题吗？我们尝试用垂直思考 + 水平思考的思维方式来找找这个小游戏的答案吧。

　　首先，各位读者朋友一看到要把数字变成最大，第一步的动作是什么呢？根据我在课堂观察到的上百组学员的实践经验得出，大部分学员的第一个动作就是想办法把第一位数字变成 9，并且恨不得把所有的数字都变成 9。

　　所以读者朋友们，我来提一个问题：这个时候，你在想什么呢？

　　是的，这时候我们尽力让数字本身做一些变化，尝试让每一位数字都能成为它本身的最大值，因此让数字整体变得最大，如图 5-6 所示。

图 5-6　思考的第一分支：数字本身

　　这个时候，我一般都会提醒大家：这个想法特别好，不过就算变成 9999，这个数字还能变得更大，而且能变得大很多很多！

　　于是，继续深入思考。有些小伙伴此时恍然大悟："哦！我可以把数字变成 5 位数！"于是大家纷纷开始向这个思路进发，又有小伙伴发现，不仅可以变成 5 位数，还能变成 6 位数！所以，这个数字由原本的 4 位数，变成 5 位数，又变成了 6 位数，如图 5-7 所示。

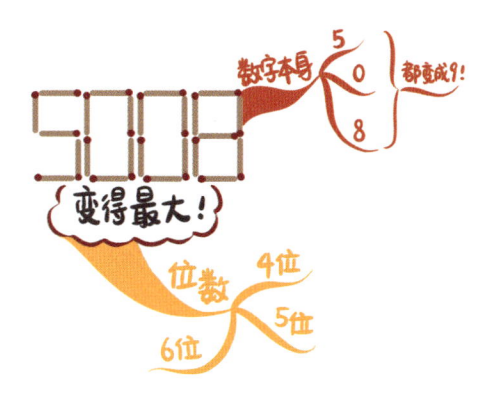

图 5-7　思考的第二分支：位数

这时，思考貌似又陷入了僵局。我继续提醒："大家能走到这一步，又越过了一个关卡，尤其是已经发现 6 位数秘密的小伙伴，你们离成功已经不远了！"其实，就算这个 6 位数是 999999，我们的参考答案还能比它更大，而且能大很多很多！

这时，我又提出了相同的问题："这个时候，你在想什么呢？"

如果说这个问题是一路打怪兽升级，那么来到最后一步，我们现在准备攻克的就是大 Boss（游戏中最终关卡的强大怪物）。然而在这里有个很致命的问题，正如我们平常分析和解决工作、学习、生活中的问题一样，我们有时根本还没有走到大 Boss 关卡时就认为问题已经解决了，根本没有发现大 Boss 的存在。殊不知大 Boss 其实是在终点偷偷地笑我们，并且它还可以继续在终点作威，影响问题的解决。

正如在这个游戏刚开始时所说的一样，**我们的目标在找到答案之外，更重要的是看清我们在处理问题时的思路，建立我们的思维架构**。如图 5-7 所示，我们看到这张思维导图的第一个分支，也就是第一条思路是对数字本身做的分析，第二条思路是对位数做的探索，但如果这两种思考都已完成，却仍然存在比得出的数字还大很多很多的答案，说明答案的方向并不符合现有的这两条思路，必须另辟第三条甚至更多条思路!

这时我们可以从两个方向来思考。

从数学角度思考。如果一个数字在现有基础上变得非常大,会是一种怎样的计算/变化方式呢?

如果为现有的这张思维导图画出第三个分支,也就是找到数字本身和位数之外并与之对应的第三条思路,会是什么呢?

有些小伙伴这时恍然大悟:"可以是平方或立方!"每当我在课堂中听到这样的回答,既给他们点赞,又为他们感到惋惜。点赞是因为他们的这个思路正确,他们找到了让数字变得更大的方式;惋惜是因为他们的思维受限了,其中的两根火柴的移动是不可能组成数字 2 或 3 的,但是可以用它们摆成哪个比 2 和 3 大很多的数字呢?没错,就是数字 11!所以,这条思路也就是思维导图上的第三个分支,叫作指数,而这个指数,就是由两根火柴组成的数字 11,如图 5-8 所示。

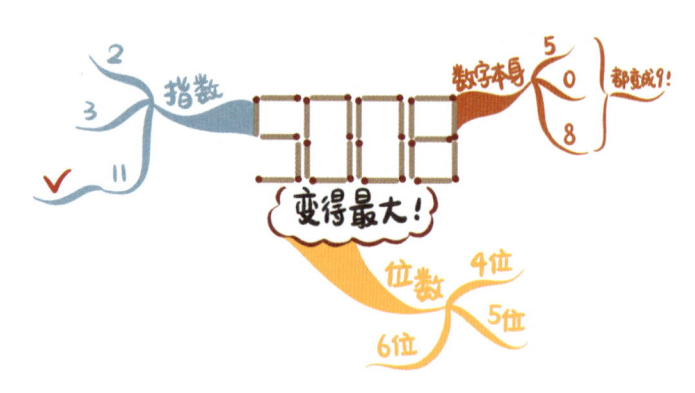

图 5-8 思考的第三分支:指数

于是我们知道了,最终的结果是一个从用火柴摆列好的 5008 中取出两根火柴放在右上角形成指数为 11 的数字。那么,最后一个问题出现了:从哪里取出这两根火柴呢?

若既能取出两根火柴，又能结合前面的第一步和第二步，是不是得出的答案会更好呢？我们发现，让数字变成 9 不如让数字变得多一位，所以现在知道为什么我在第二步中说把数字变成 6 位的小伙伴离成功已经不远了吧！

最后给出的参考答案是 51108 的 11 次方，也就是从数字 5008 中的第一个 0 的上下方分别取出一根火柴，放在数字的右上角，形成指数 11。也许可以形成比这个答案更大的数字，但是这个游戏重在思路的分析过程，如果读者朋友们能用同样的思路继续探索，找到更标准的答案，记得一定要跟我联系哦！

我们来总结一下在这个分析过程中，垂直思考与水平思考相结合的思考步骤吧。

（1）面对这个问题，我们想到了让数字本身变大的方法，并且一直努力把其中所有的数字变到最大，这是我们在一个思考点上持续深挖、探究深度的过程，这时我们应用的是垂直思考。

（2）当我们在一条路上走不通的时候，便开始思考其他的路径，思路从数字本身到位数转移，就是水平思考的应用表现；在数字位数的思路上，从 4 位到 5 位，再到 6 位的深入思考，仍然是水平思考。

（3）最终帮我们找到答案的是，先应用水平思考继续探索出的与数字本身和位数相对应的其他思路——指数，再应用垂直思考在这条思路上找到的指数 11，以及继续回头结合水平思考的上一条思路得出最终答案 51108。

从以上可以看出来，垂直思考与水平思考并不是完全独立存在的，而是随时结合、互为补充地激发大 Boss 的呈现和解决。于是，**从垂直思考和水平思考相结合的角度出发，我们来看看优秀的思维有哪些特点。**

- 思考时不钻牛角尖，就算在细节中，也会随时提醒自己"现在想的是什么呢？"从而提炼出自己的思路。

- 意识到解决问题不是只有一个方向，明白如果方向不对，那么努力就会白费，所以会不断通过水平思考来找到更多的方向和可能性。
- 关注全局，随时用水平思考的方式看到分析和处理问题的全面性。
- 用垂直思考的方式不断地深挖问题的本质，分析清晰、解决到位。
- 做思维导图中的每一步都先进行水平思考再进行垂直思考，有广度、有深度、有创意、有逻辑。

5.2　创意思维力快问精答

第 1 问：如何运用思维导图帮助其他人更好地激活想象力？

答：在运用思维导图激活想象力的时候，我们经常结合一种工具叫作头脑风暴。首先，将需要激活和发散的主题做成思维导图的中心图，然后在中心图的四周画出主干分支，主干分支画得越多越好。我们运用完形填空的特点，激发大家填上关键词，关键词填得越多越好。如果填的关键词的数量超出已有的主干分支也没关系，继续补上主干分支的线条，仍然也是越多越好。当这一步完成以后，我们就完成了思维发散第一步的动作。然后再根据所写出来的全部主干分支的关键词进行分类，形成经过分类整理之后真正的几大主干分支，再以主干分支的关键词为起点，继续向外思维发散即可。思维发散的原则可以参考我们在第 4 章的逻辑思维力中讲的逻辑结构的部分，同时结合本章所讲到的水平思考和垂直思考的相关原则和技巧，让思维导图帮助你展开想象的翅膀、激活并绽放你的思维之花。

第 2 问：在工作中如何运用思维导图去创新呢？

答：运用思维导图来创新，需要我们在水平思考上下功夫。根据第 4 章中逻辑思考力中关键词的选择原则确定了关键词之后，首先，问问自己同一阶层的关键词是否是在同一词性和同一维度上进行描述的？其次，我们还要一直问自己"还有其他的关键词吗？还有其他的分类吗？还有哪些方向和步骤是现在尚未涵盖的呢？"持续问自己这些问题，让分类更加丰满、让逻辑更加明晰、让发散更加延展、让思考更加深化。在这种效果的激发下，我们做出来的思维导图就会变得更加开阔和舒展，也会让我们的创新点逐渐地显现出来。不论是在产品管理方面，还是在营销的各个领域，都可以通过用思维导图不断发散的过程，帮助我们找到创新的亮点。

当然，我们在第 4 章中所讲的关联线的部分，讲到通过任意两个关键词之间的"硬关联"，激发出不同的火花，带来意想不到的精彩，也是可以帮助我们去制造创新的方法之一。

第 3 问：什么是自由联想和逻辑联想呢？它们在思维导图中是如何应用的呢？

答：所谓的自由联想就是水平思考。就是我们在水平思考的模式下，根据一个主题或关键词，将思维无限地延伸和打开，让思维插上自由飞翔的翅膀，让我们的中心主题或某一个关键词得到尽情绽放。

逻辑联想是表达和呈现关键词之间的逻辑关系，其中，多与垂直思考相关，也就是上下位阶的关键词之间的从属关系。这部分内容我们在第 4 章中已详细阐述，可翻看参考。

当把自由联想和逻辑联想（也就是水平思考与垂直思考）综合运用的时候，我们会发现，思维导图实现了向外扩张的广度和向深挖掘的深度。思维导图帮助我们打破了思维的局限和认知，当我们多维度、发散性地去使用大脑时，就会发现我们的思维是没有边界的，它可以无限地拓展、延伸。所以思维导图的发散和延伸，成就了我们思维之花的不断绽放。

第 4 问：为什么说思维导图既是发散又是整合？

答：思维导图的发散和整合是一直在交替地、同步地进行着的。通过水平思考的发散方式，思维导图的内容不断地延伸。在内容发散和延伸的过程中，我们要随时提醒自己：这些内容可以分类吗？分类的动作就是内容的收敛，也就是所谓的内容整合。之所以说思维导图是一种非常能够帮助我们进行全脑协作和信息整合的工具，是因为它在用视觉化的方式辅助我们发散性思考的同时，也在强调逻辑性思考方式的重要性，注重内容的归纳和整合。这就是思维导图非常强大的功能所在。

第 5 问：AHA（啊哈）分支是什么？其在思维导图中如何应用？

答：AHA 代表了解或发现某事物的喜悦。AHA 分支是思维导图中非常有趣的一个做法，我非常建议把它应用在对其他人的内容进行整理的思维导图中，比如，做一份读书笔记、听课笔记、演讲记录等的思维导图，在最后增加一个 AHA 分支。那么用 AHA 这个分支去记录点什么呢？可以记录一下我们的心得、收获、体会，以及与前文的关联，甚至是由思维导图中的内容所启发的自己下一步的行动计划。

AHA 分支的内容可以帮助我们启发思考，也便于我们回顾总结整张思维导图所记录的内容。同时这种做法也帮助我们把这张思维导图，从别人的内容转换为自己所掌握的内容。这是一种非常有效的让我们对思维导图产生拥有感和成就感的做法。

第 6 问：思维导图画完之后就很少看了，好像感觉做它的意义不大，怎么破？

答：这确实是很常见的一个问题，很多思维导图实践者完成一张思维导图后，拍照保存，之后就把它束之高阁，很少再回头去翻阅了。如果想解决这个问题，更加强化一张思维导图的价值和意义的话，我推荐以下两个做法。

首先，就是上一个问题中所说的 AHA 分支，让这个分支的内容帮助我们记录和规划一个有延续性的动作。我们可以随时回看参考下一步需要做什么，或用来检验自己的行动结果。

第二个做法是我们可以把同主题或与主题内容相关的几张思维导图放在一起收藏，当收藏达到一定数量（比如 4 份或 5 份）的时候，就可以全部拿出来作为同主题的思维导图综合阅读。通过观看相同领域的不同思维导图的呈现和表达，我们一定能实现对领域全局性的理解。这也能帮助我们更深入地应用思维导图，并更深入地理解思维导图给我们带来的思维提升及把握全局观的强大功能。

从整体来说，我们要延长思维导图的"保质期"，赋予它持续的行动和意义。

5.3　本章小结

1. 思维导图通往实现创新之路是由两种思维方式造就的，这两种思维方式分别是垂直思考和水平思考。

2. 垂直思考又叫思绪飞扬，是思维随着一个词语的产生而生发其他词语的持续状态。垂直思考让我们不停地探索，实现思考的深度。

3. 水平思考又叫思绪绽放，是思维由一个主题向外不断发散同层级信息的状态。水平思考帮助我们探索一个主题引发的多种可能性，实现思考的广度。

4. 当把垂直思考和水平思考综合应用时，先水平思考再垂直思考，即先发散思考的广度，再探索思考的深度。在垂直思考和水平思考的不断交叠应用中，展开创意的翅膀。

应用部分

思维导图的典型应用场景

本部分将通过思维导图的展示、作品介绍及 Rikki 点评，来向大家展示思维导图在不同行业、不同人群、不同场景中的应用，为大家的思维导图应用提供灵感及参考模板，助力大家的思维之花绽放！

第6章
组织型思维导图

思维导图比较常见应用于信息的梳理与主题内容的介绍方面。这样的应用通常可以把大量的信息整合在一起，通过筛选、分类、再创造，也就是将信息通过思维导图的技巧组织在一起，形成一张结构清晰、内容有逻辑的思维导图。所以这一类型的思维导图，我们称之为组织型思维导图。

本章我们将从学习、工作及生活三大应用场景、13个细分应用场景，看到组织型思维导图的广泛应用方式。希望读者朋友们在看完这一章的内容后，能将思维导图马上应用在自己的学习、工作和生活中。

6.1　学习应用

在常见的组织型思维导图中，以学习应用型的思维导图最为常见。我们将通过学习笔记、复盘总结及亲子互动3个细分场景，更好地带你了解思维导图在学习中的应用。

6.1.1 学习笔记

1．读书笔记

作品介绍

如图 6-1 所示的《黑天鹅》思维导图是我做的第一张读书笔记思维导图，我将书中对我影响较大且有实际指导意义的部分进行了提炼。可以说利用思维导图能够帮助我实现长久的记忆，我时常会拿出这张思维导图来对应自己的工作及生活，尽量避免进入不必要的思维误区。

Rikki 点评

作者的逻辑性思维是她的强项，作者有丰富管理经验，擅长放眼全局，对整体架构的把握能力非常强，可以从这张思维导图中看到优秀的思维路径是如何展开的。她也经常会用电脑软件思维导图在工作中梳理项目复盘或激发战略规划，但是手绘的思维导图可以让她更加沉浸于思考，在头脑中建立信息网络。

提升点：第一主干分支可以在"what"之后省略"黑天鹅"，直接发散出后面的三个分支。因为原本这个分支是从中心主题"黑天鹅"而来，所以"what"显然已经在描述"黑天鹅"了，后面就无须再赘述了。另外，在主干分支之后，一般不只是打开一个子分支而已。

第 6 章 组织型思维导图 117

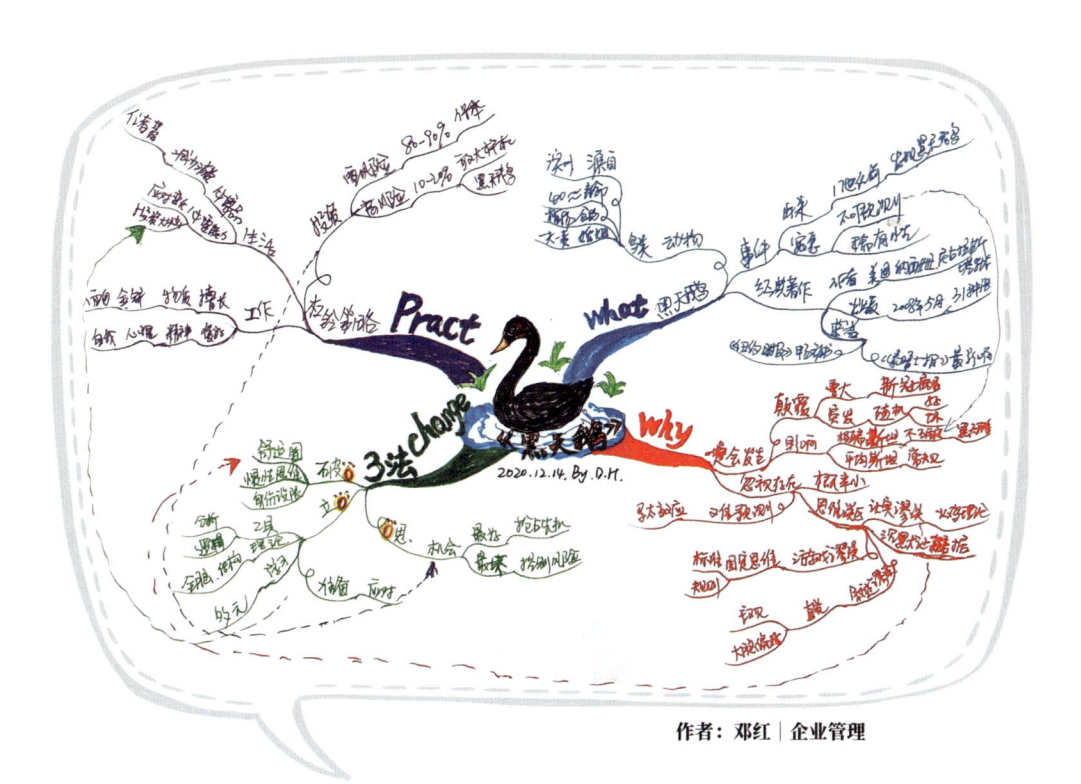

作者：邓红 | 企业管理

图 6-1 《黑天鹅》读书笔记

作品介绍

我用思维导图进行书本内容的拆分、咀嚼及全盘内容的整理，用这个方式引导学生们进行考试复习以及大赛的备战练习，颇有成效。在阅读了这本《非暴力沟通》书之后，我整理如下，并做成思维导图，如图6-2所示。

第一主干：设定阅读目的；第二主干：提炼本书核心；第三主干：非暴力沟通的核心因素；第四主干：非暴力沟通步骤，其中包括观察（陈述事实）、感受（诉说感受）、需求（表达诉求）、请求（请求帮助）；第五主干：阅读感悟。

Rikki 点评

这张思维导图在视觉上有很强的冲击力，很容易把读者带入这张思维导图所描绘的书本世界中。这样的效果源于作者优秀的色彩把控力及图像的呈现力。作为世界思维导图锦标赛的国际裁判，作者在逻辑和关键词的处理上非常值得我们参考和学习。

提升点：建议在中小图中标明书名《非暴力沟通》，这样可以让读者在看到这张思维导图的第一时间了解这是一张什么主题的思维导图。同时，第四个主干分支的关键词建议替换成"沟通步骤"，这样就不会与中心主题的内容有重叠。

第 6 章 组织型思维导图

作者：秋天 | 世界思维导图锦标赛国际裁判

图 6-2 《非暴力沟通》读书笔记

作品介绍

我一直以为思维导图就是画图，直到遇到了 Rikki 老师我才明白，原来思维导图是一种思维的工具。学了思维导图之后我就爱上了这种工具，平时读书我用思维导图做读书笔记，就算记不住书中的细节内容，看一下几个分支的内容，就能很快地掌握每一本书的主要内容，如图 6-3 所示。

Rikki 点评

作者对思维导图的应用我必须点个大大的赞！无论是在读书、听课还是在讲课等个人学习和工作的场景中，她都将思维导图运用得游刃有余。在我的课堂中，我也经常会用她的应用案例进行讲解。从她做的思维导图中，能看出她的认真程度和对思维导图的热爱。

提升点：作者在绘制思维导图的过程中，经常会非常认真地记录很多细节，这样会让整张思维导图信息充盈，内容非常丰富。但正是因为这样，就需要一些关联线（图中已有）和插图（除了图标还可以再有一些插图），来辅助大家看清在纷繁的信息中相互关联的内容，并突出重点内容。

第 6 章 组织型思维导图　121

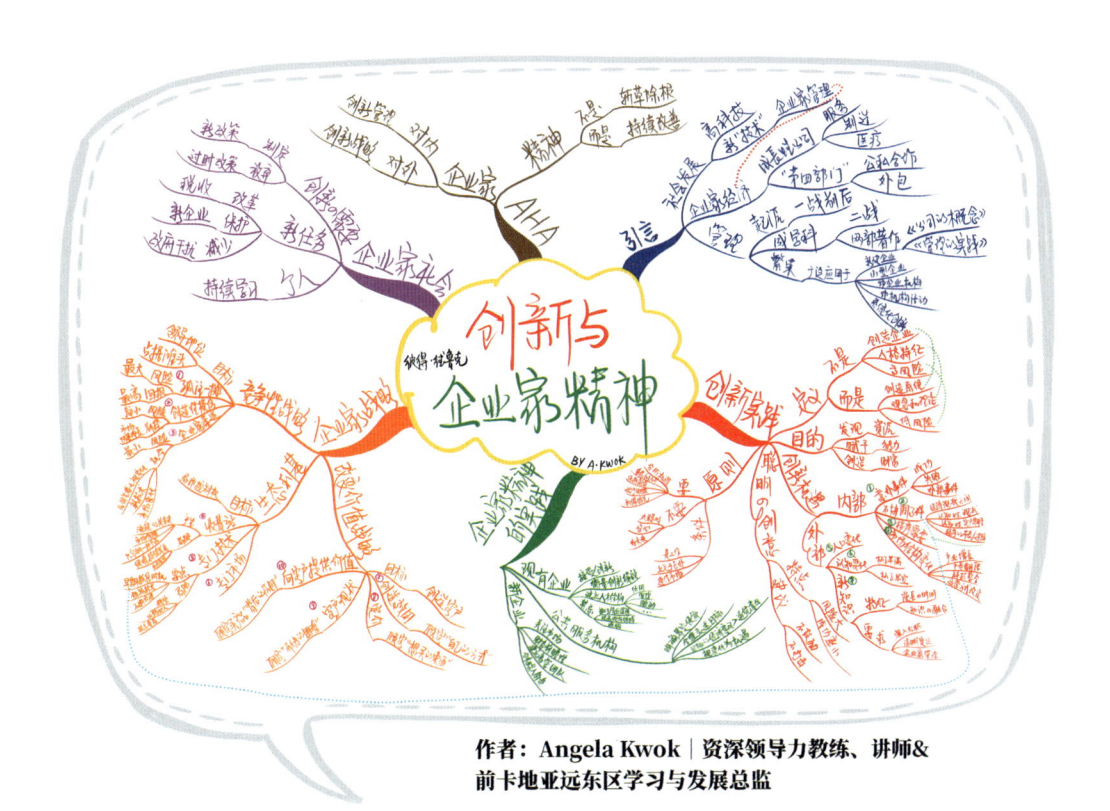

作者：Angela Kwok｜资深领导力教练、讲师&
前卡地亚远东区学习与发展总监

图 6-3 《创新与企业家精神》读书笔记

作品介绍

如图 6-4 所示的这张思维导图是图 6-3 的作者 Angela 与我共同完成的，由 Angela 负责内容的梳理，由我来进行思维导图的绘制，最后得以呈现。

这张思维导图提纲挈领地用为什么、是什么（分别对于组织、HR 部门、HR 从业者）、下一步的计划 3 个方面整理出了书籍的关键内容，然后又画龙点睛地用 AHA 分支展现了其对自己的启发及心得。这就是我在本书中多次提及的 AHA 分支的妙用：当我们在对别人的内容（比如听课、听演讲、看书等）进行思维导图的内容梳理时，用这样的一个分支来记录自己的收获、启示、下一步的计划等相关的想法和行为，让这张思维导图从"别人的"变成"自己的"，从而对自己产生更大的价值。

第 6 章 组织型思维导图 123

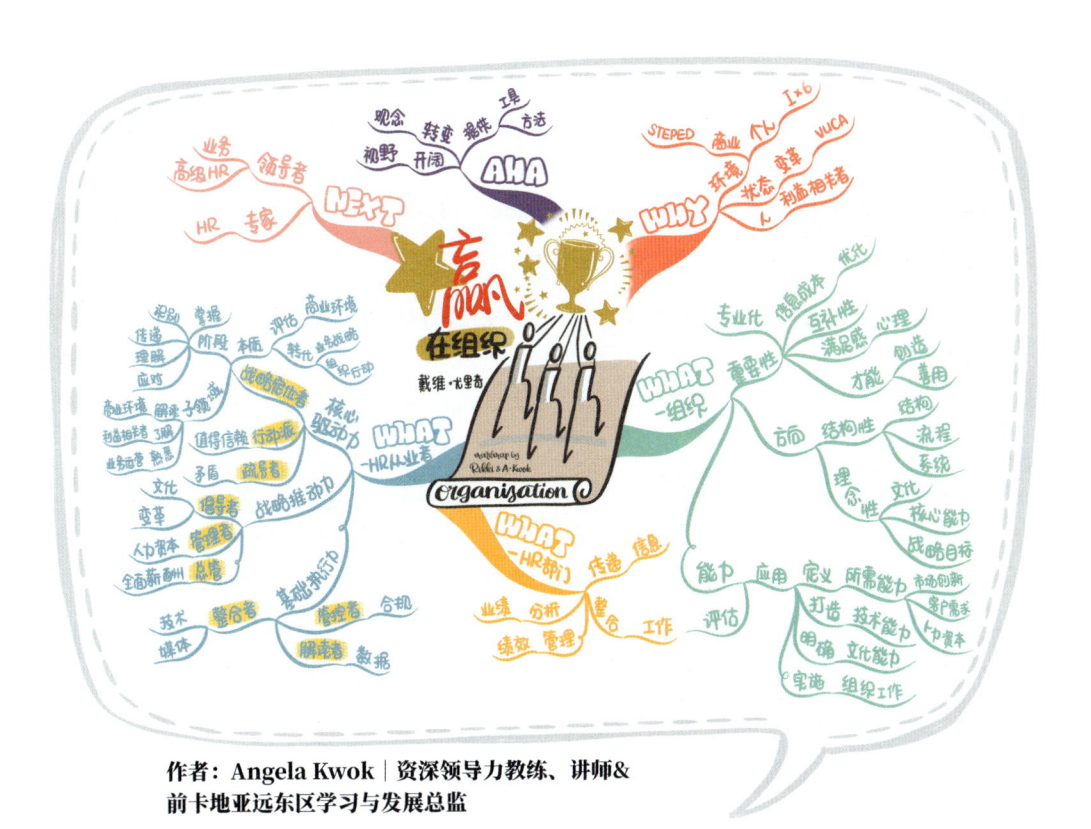

图 6-4 《赢在组织》读书笔记

作品介绍

2020年年初，广东省疾病预防控制中心发布了一本名为《新型冠状病毒感染防护》的手册，让大家在了解新冠肺炎疫情的同时，也了解相关的预防措施。我认真读完这本手册之后，迅速整理出了这本手册的关键内容并绘制出了一张思维导图。这张思维导图在当时被广泛地转发和传播，如图6-5所示。

用一张纸高效地绘制出思维导图，看清内容架构并理解和记住关键的信息点，是这张思维导图最大的意义所在。

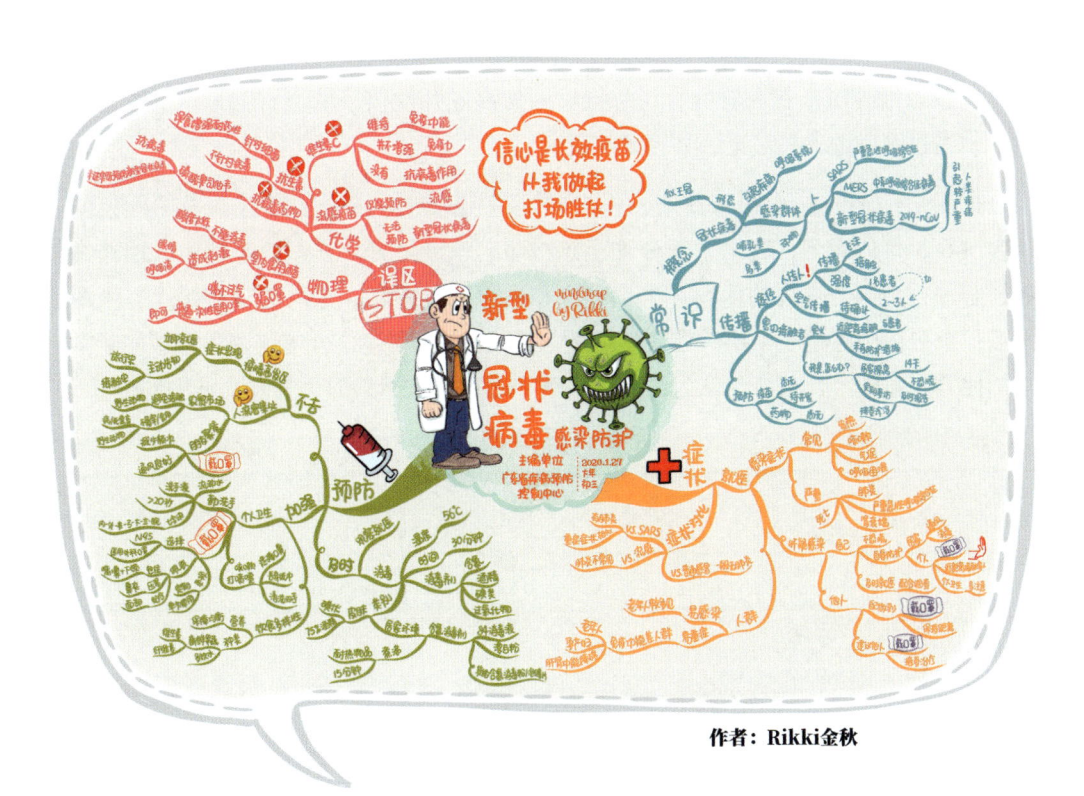

图 6-5 《新型冠状病毒感染防护》手册笔记

作品介绍

这张思维导图是我在看完《用思维导图法高效开发孩子的左右脑》这本书之后，做的一张思维导图读书笔记，如图6-6所示。

这本书的内容结构非常清晰，作者应该是用思维导图来构建这本书的框架的。从图6-6中可以看到，无论主干分支还是二级、三级分支，它们的逻辑对应性非常整齐、合理，所以，这样的内容让人读起来和做思维导图时，觉得非常流畅。这张图的最后一个分支仍然是我常用并建议使用的AHA分支，在这个分支里，我为整体非常丰富的内容，整理了几项自己认为的重点内容和之后再次阅读时仍需要关注的部分。

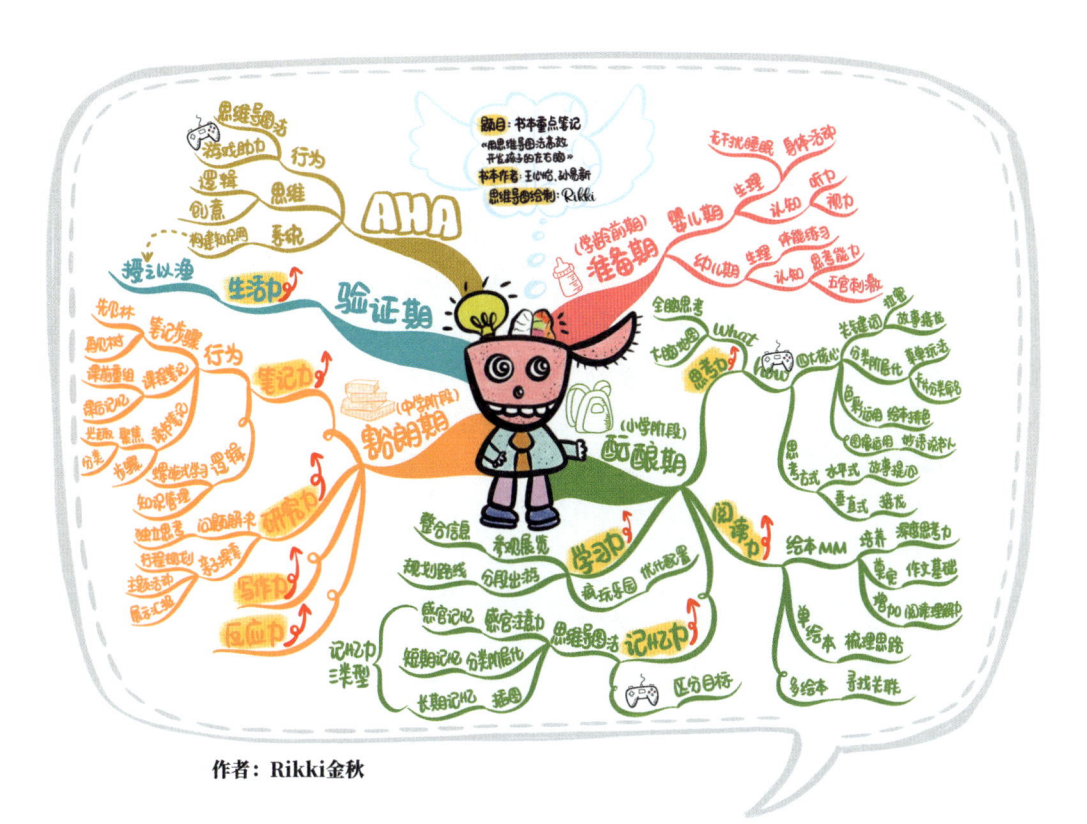

图 6-6 《用思维导图法高效开发孩子的左右脑》读书笔记

2．听课笔记

作品介绍

这张思维导图是我在参加一门课程时，为第二天的课程内容做的一张内容回顾思维导图，如图 6-7 所示。

一天的课程内容非常丰富，如果我们用一张思维导图提纲挈领地将全天的课程内容梳理出来，不仅可以让我们看到老师的讲课逻辑，还可以让我们对课程内容的理解更加透彻，同时，可以让我们通过绘制思维导图的方式进行课程内容的回忆、思考、记录、反思等一系列动作，有助于我们真正地理解课程内容。对于应试的读者们，建议在复习完当天的课程内容之后，像默写一样，尝试默画出一张总结性思维导图，之后再根据书本、讲义或笔记内容进行填补或修改，这种复习方式一定会让你事半功倍，不妨试一试。

第 6 章 组织型思维导图　129

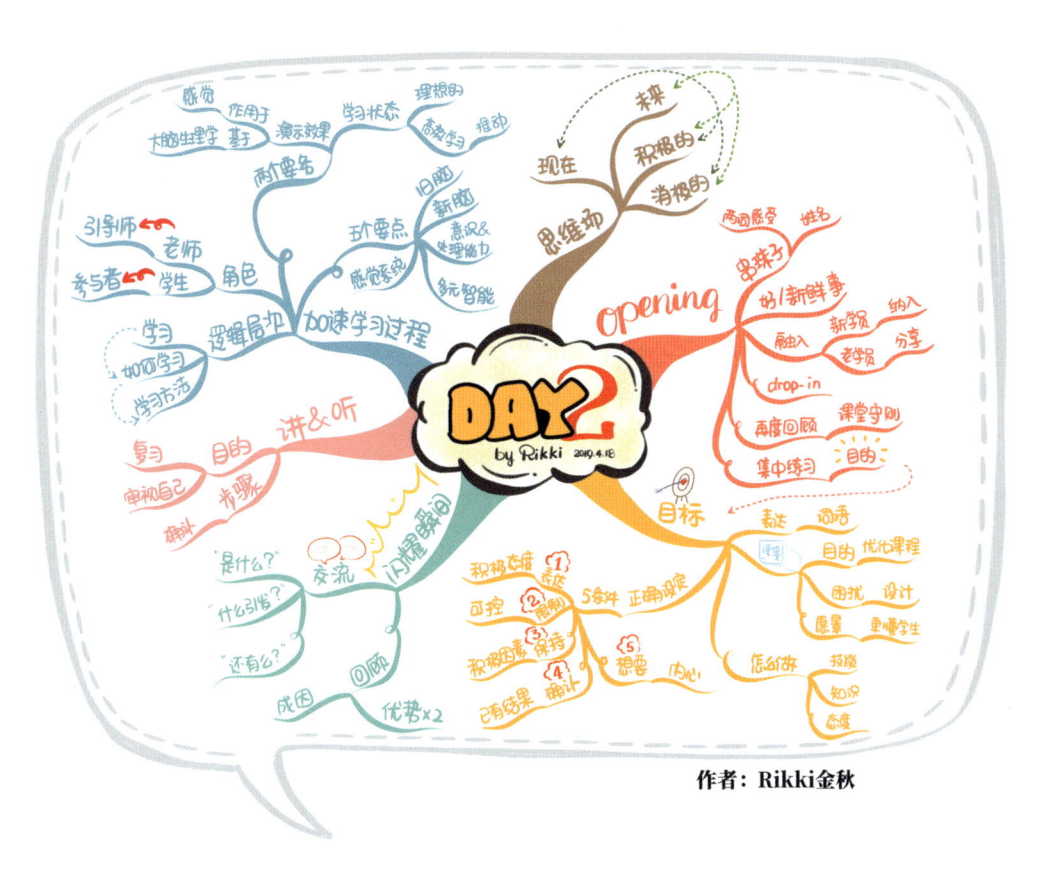

图 6-7　听课笔记

作品介绍

如图 6-8 所示是我为一个演讲内容做的思维导图。

可能有读者朋友听说过一种视觉化同步记录方式，叫作"Graphic Recording 视觉图像记录"。这张思维导图就属于这样一种视觉化同步记录方式。在老师开始讲的时候我开始写，老师讲完后收笔。这基本上是思维导图中比较难的一种记录形式，因为在做思维导图信息梳理的过程中，不仅需要随时保持较高的精神紧张度，将重要的信息提取并记录下来，而且还需要随时判断哪些内容可以归为一类、呈现在同一个分支中；并随时判断主干分支、二级分支中的关键词归纳的合理性、对应性、逻辑性及是否忠于演讲者的内容。

在将思维导图的树状结构内容部分记录完毕之后，继续收听演讲者是否在最后的总结中回顾和强调了一些重点内容。这需要用插图来凸显，也需要根据演讲的内容在相关部分添加关联线，从而让整张思维导图形成一张有整体架构、有重点细节、有逻辑、容易被记忆的知识网。

第 6 章　组织型思维导图　131

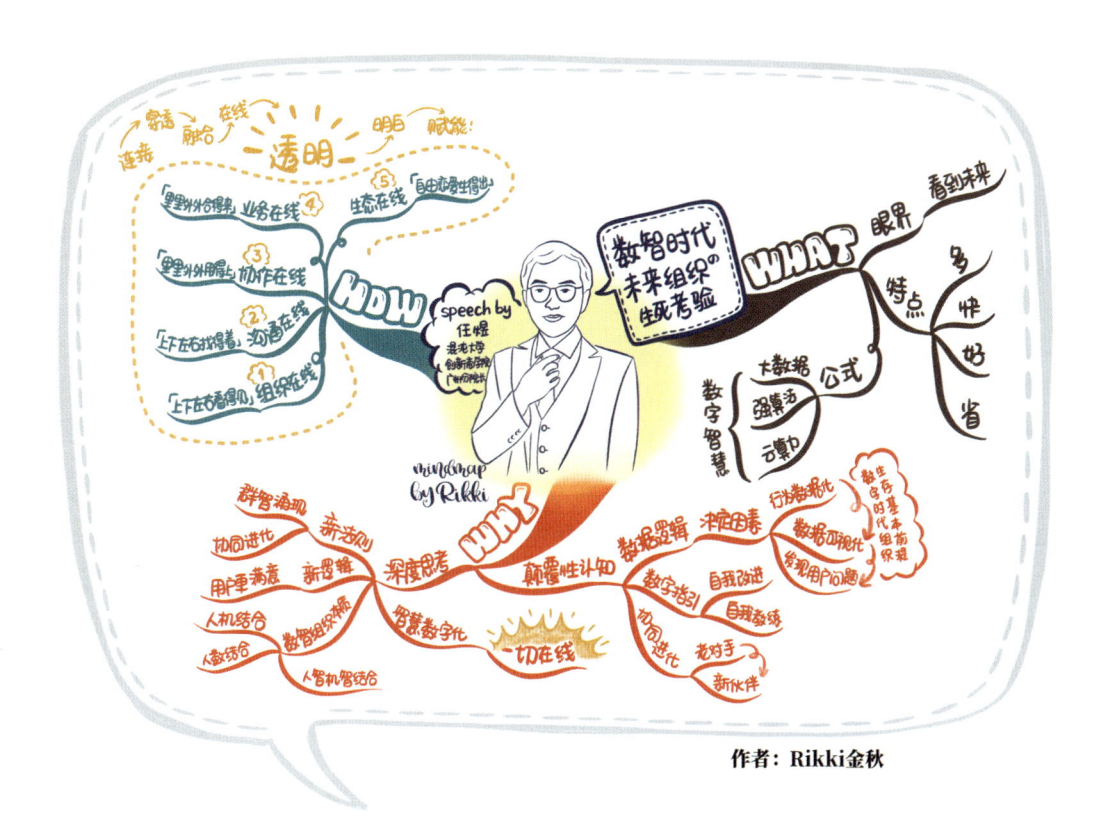

图 6-8　听演讲笔记

6.1.2 复盘

作品介绍

2021 年年初，我用一张思维导图做了一场关于"用思维导图复盘"的分享会，如图 6-9 所示。

这张思维导图的整体框架由 3 个动词撑起来，它们分别是"绘""做""立"，用 3 个动作讲述了思维导图的绘制技法、为什么和怎么做思维导图复盘，以及做思维导图复盘的一些小技巧。

从 2018 年开始，我一直在带领训练营的学员们用思维导图进行年度复盘，到了 2021 年，年度复盘升级为月度复盘。时间匆匆流逝，每到年底的时候大家都会感叹："又一年过去了，时间过得真快。"试想一下，一年过完了，若你在年底拿出 12 张思维导图，其分别是自己过往 12 个月的复盘，你不仅可以看到自己每个月经历的事、做的总结，而且更重要的是，你通过复盘看到了哪方面做得好而继续进阶、哪方面还需要提升并且能看到自己一步步成长的痕迹，这不是特别棒的一件事情吗？让每一个过往都没白过，让它们成为后续成长的阶梯，这是我们复盘的一个重要意义。思维导图可以帮助我们从框架上、方向上更好地看清事情成败的关键以及自己成长的方向。不要犹豫了，赶快拿起纸和笔，就从这个月开始尝试进行思维导图复盘吧！接下来，我们一起来看看我的学员做的精彩月度 / 半年度 / 年度复盘作品吧。

图 6-9 一张图说明思维导图复盘那些事儿

1. 月度复盘

作品介绍

如图 6-10 所示,用思维导图记录、梳理当月的重要事件,让每个月都充满画面感,也可以帮助我更好地整理思绪,更好地前行。

Rikki 点评

作者是一位在视觉呈现方面非常有个人风格的学员,而且他学习十分认真,在学习完思维导图之后,几乎对任何事情的记录都在应用思维导图,即使他学习思维导图的时间很短,也是在飞速成长。他做的思维导图的整体布局、色彩都非常不错,中心图有隐喻的含义,如果画得再大一些就会更棒。

提升点:这是一张内容非常丰富的思维导图,作者在绘制思维导图和整理信息的过程中,有时会忘记一线一词的关键点,要注意在有短语或小句子的地方如何提取关键词。如果无法分解、提取关键词,就考虑用视觉化图像的方式,把相对较长的文字用图文并茂的形式呈现。

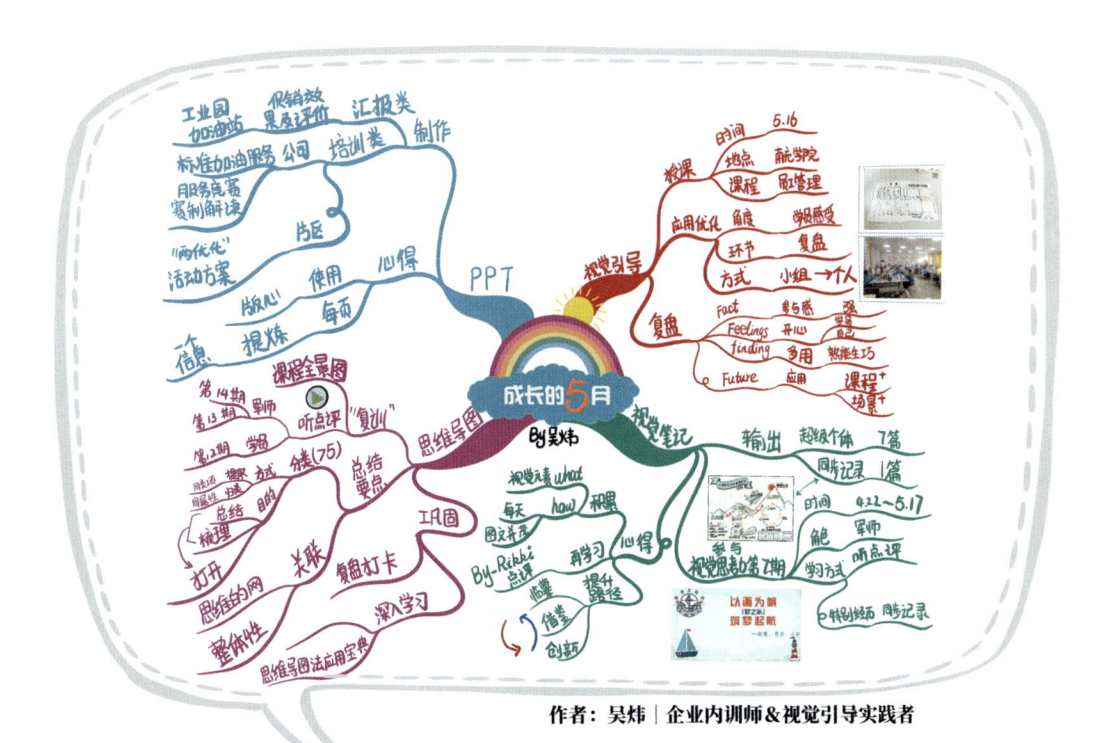

作者：吴炜 | 企业内训师 & 视觉引导实践者

图 6-10 "成长的 5 月"思维导图

作品介绍

如图 6-11 所示，VUCA 时代 + 内卷时代，努力拼搏似乎成了打工人必备的品质和生存条件，在高压之下，对身体的透支终将爆发，很多人切身体会到了病来如山倒，病去如抽丝。身体、心理都遭遇到了前所未有的挑战，忙忙碌碌的工作终于被迫按下"暂停键"。

正所谓烦恼即菩提，感恩这样的慢生活给予了我更多思考的空间，我终于体会到了为学日益，为道日损，无为而无不为的精妙之处，在努力拼搏时，应注重自我爱惜。健康是革命的本钱，身心的平衡才是可持续的幸福之道。愿所有有缘看到这篇作品的朋友，身体健康，平安喜乐！

Rikki 点评

作者做的这张思维导图，作为一张个人思考总结的月度复盘思维导图来说，是一份相当棒的作品。作者非常善于在思维导图的大框架上，也就是在思维导图的主干分支的关键词选择上做文章，并且做得非常漂亮。各个层级的关键词逻辑结构也是比较完美的，想要尝试做思维导图复盘的读者，完全可以用这张思维导图作为参考图。

提升点：中心图可以画得再大一些，这样会让整个中心主题更加凸显，给大家的印象也会更加深刻。在美术里有一个基础的原则是点、线、面的搭配，如果我们把关键词和小插图看作"点"，把分支线条及关联线看作"线"，那么"面"体现在中心图中就是最好的搭配了，具体怎么体现呢？我在第 3 章的绘制技法中讲过黄色的妙用，黄色的字不容易被看见，但是用黄色来填色的话，会让所填充区域的颜色异常突出，其作为对中心图的强调和凸显再合适不过了。所以我们对"面"的应用，就是将中心图进行色块的填充或对整体底色的铺垫，这样不仅通过美术的技巧让思维导图在视觉呈现上得以优化，而且会将中心图的区域凸显出来，实现明确强调中心主题的目的。

第 6 章 组织型思维导图 137

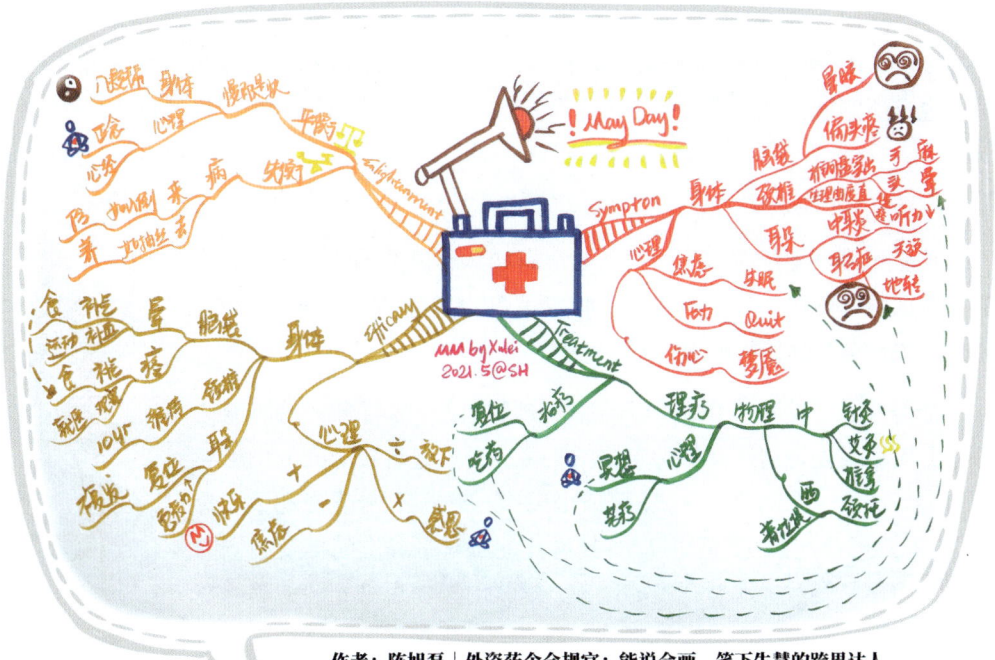

作者：陈旭磊｜外资药企合规官；能说会画、笔下生慧的跨界达人

图 6-11 "May Day！"思维导图

作品介绍

如图 6-12 所示，这是一张个人在一个月内情况总结的思维导图，有所得、有所失，也有所感触。

Rikki 点评

这张思维导图的中心图画得让人很有如沐春风的感觉，甚至能达到一些通感的要求。三个分支清楚地表明了当月复盘的 3 个思考方向，并通过关键词的延伸将内容展开。

提升点：三个分支的思维导图对布局有很高的要求，如何能让每个分支尽可能地展开又保持布局的平衡呢？这是单数分支的思维导图需要考虑的一个问题。这张思维导图中第一和第三分支出现了"骨折"（上阶层分支去往一个方向，其展开的所有子分支朝相反的方向展开，而不是发散式地展开）的现象，这样对整体思维导图的美感及连续思考的流畅度多少会有点影响。第二分支直接从主干分支出来后就开始"骨折"，导致主干分支上没有关键词，而主干分支的关键词放在了后续连接的子分支上。在大家刚开始练习做思维导图时，或对布局的平衡感没有把握时，建议大家先尝试学习第 3 章中的四个分支思维导图的绘制方法，这样比较容易把握布局的平衡。

第 6 章 组织型思维导图 139

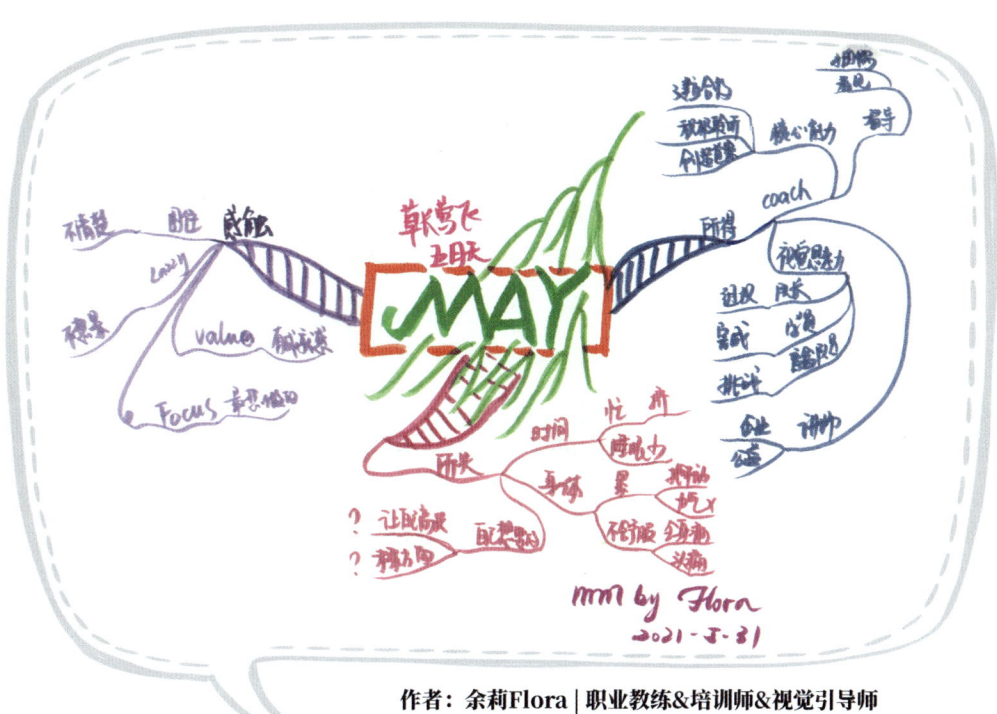

作者：余莉Flora | 职业教练&培训师&视觉引导师

图 6-12 五月份个人复盘思维导图

作品介绍

思维导图作为一种思维工具与一门学科的结合已成为趋势,除了在工作中的应用,从 2021 年年初开始,每月用一张思维导图进行复盘,从记忆到思考,从总结到践行、调整,生活一下子就变得更有质量了,如图 6-13 所示。

Rikki 点评

从这张月度复盘思维导图中能看出来,作者在二月过得异常充实。然而越是丰富和充实的内容,越容易在时间的流逝中被遗忘,因为细节太多了。所以,这时就能看出复盘的好处,整理出有框架结构的事项,让它们有更大的可能性保存在长期的记忆中。

提升点:在内容比较多的时候,要考虑一件事——分类,以确保我们想记录的事情都被罗列出来,并且信息之间不互相包含,这就是我们在第 4 章中介绍的金字塔原理——不重复、不遗漏。在这张思维导图中,只看主干分支的关键词的话,我们会发现这几个词不在同一个讨论维度上。综观整张图,我认为内容整体分为学习、生活、工作三大分支比较合理。最后一个学习的分支继续保留;生活分支可以涵盖关系分支、身体分支、新技能分支和金钱分支;工作分支可以包含金钱分支中关于课程班次的部分。这样会使整体的逻辑结构更加清晰。

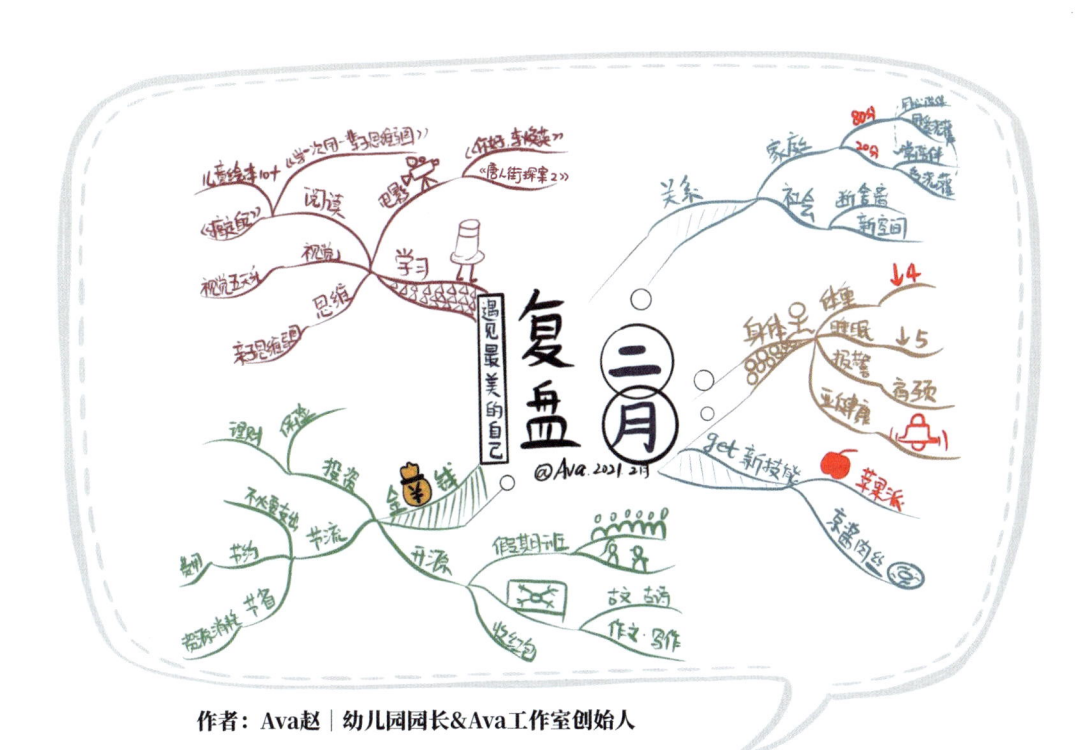

作者：Ava赵｜幼儿园园长&Ava工作室创始人

图 6-13　二月复盘思维导图

2. 半年度 / 年度复盘

作品介绍

如图 6-14 所示，做 2020 年半年度复盘思维导图，我花了半天的时间打了手稿，列出了框架，想了很久，我用了一个对半分隔的圆来做中心图。对称的表现形式代表已过一半，四个分支像风吹过转动的风车，代表岁月如风一样吹过，我们要留下痕迹。利用思维导图留下我们走过、思过、行动过的轨迹，并形成对标检核，打开你的思维活口，让你朝着心的方向出发！

Rikki 点评

这张思维导图中比较值得关注的一个亮点是，交错复杂的关联线。看起来这张思维导图的关联线特别多，貌似有点影响美观度，但是作为一张以复盘上半年为目的的个人思考梳理型思维导图，内容精彩的重要程度远远大于表象美观的重要程度。关联线对分支内及对分支间关键词的连接，表达出作者本人对所梳理内容的深度思考，而且我们还可以发现她在上半年的经历中，她所做的各种事情是互相关联的，说明这些事情共同在对她的成长发挥作用，正所谓没有白吃的苦和白流的汗。这一点体会，是不是比绘制一张思维导图的价值，大太多了呢？

提升点：第一个主干分支的关键词需要再考虑。这张思维导图的中心主题是在对上半年的情况进行复盘，第一个主干分支的"上半年"已经包含了整张思维导图的全部内容，我们要非常关注关键词及层级逻辑之间需要遵循的金字塔原理——不重复、不遗漏。

作者：邓红｜企业管理

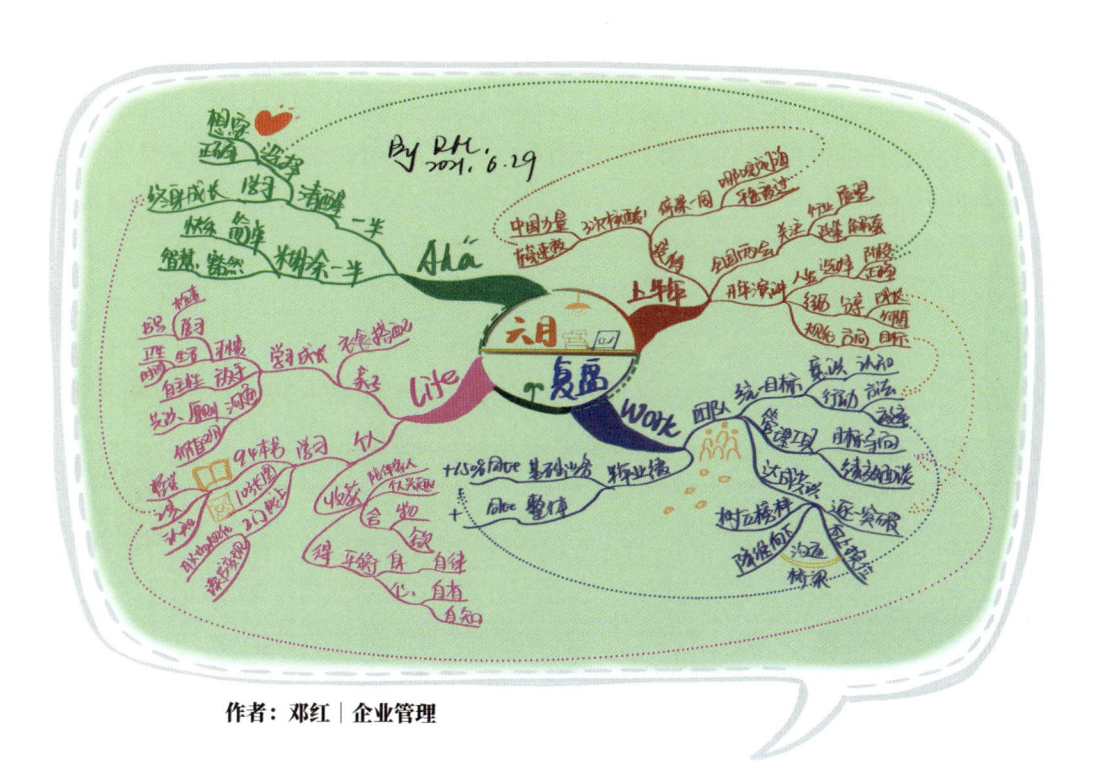

图 6-14　2020 年半年度复盘思维导图

作品介绍

在不平凡的 2020 年，我的收获很大。我选择用思维导图呈现我在这一年中的收获和成长，以及我没想到的 AHA 时刻，如图 6-15 所示。停下来回顾和总结，是为了更好地前进。

Rikki 点评

2020 年，作者收获满满，成长迅速！她用思维导图的形式来对整个 2020 年复盘，可以看出，作者在 2020 年的收获和成长清晰可见。另外，我们也通过 AHA 分支看到了一些容易被遗忘却通过记录而保存下来的精彩瞬间。

提升点：与前几张思维导图一样，我们仍然需要在思维导图中注意金字塔原则的应用。主干分支中的"收获"与"成长"有互相包含的关系，"收获"分支中的"课程"与"阅读视听"也有互相包含的关系。所以，关键词及层级之间的逻辑关系是我们需要一直研究和思考的部分。

第 6 章 组织型思维导图 145

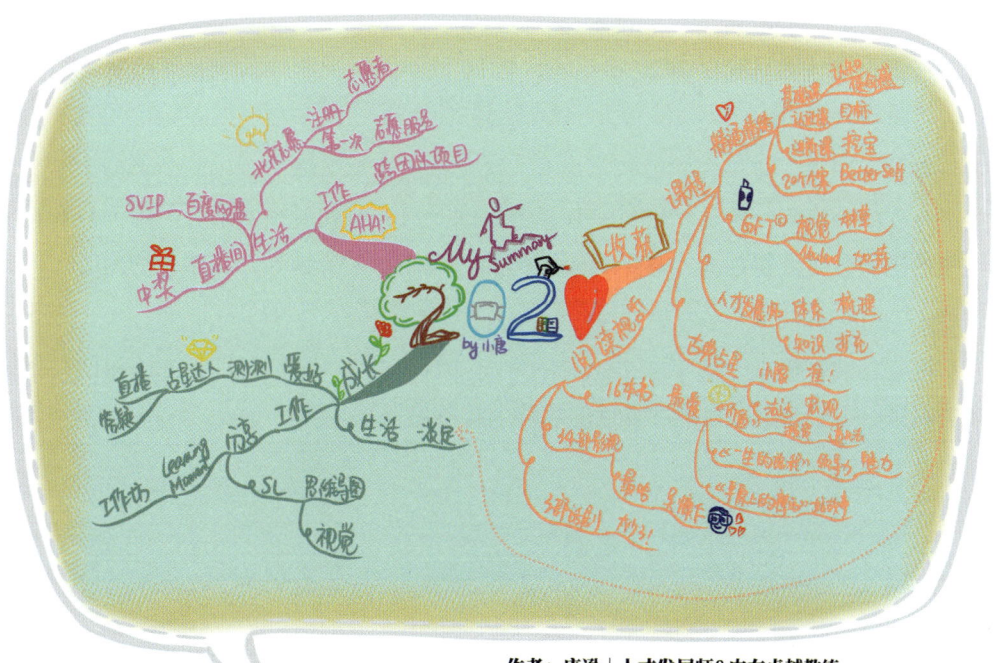

作者：唐逊｜人才发展师&内在卓越教练

图 6-15 2020 年度复盘思维导图

作品介绍

这张思维导图是我在 2020 年年底，对 2020 年的情况制作的一张年度复盘思维导图，如图 6-16 所示。

在这一年里，我经历的事情非常多，感悟也非常多，那么应该如何去做主题之后主干分支的分类呢？这是我做每一张思维导图时思考时间最长的部分。因为只有思维导图的主干分支立得越高，这个框架撑起的"大楼"才会越高，其承载的内容才会越丰富，从而才会带来更多的新感悟及对下一年的新想法。

最终，我把框架定成了 4 个思考的方向："术""法""道"及对 2021 年的关键事项的安排。希望对大家在年度复盘的思路上有所启发。

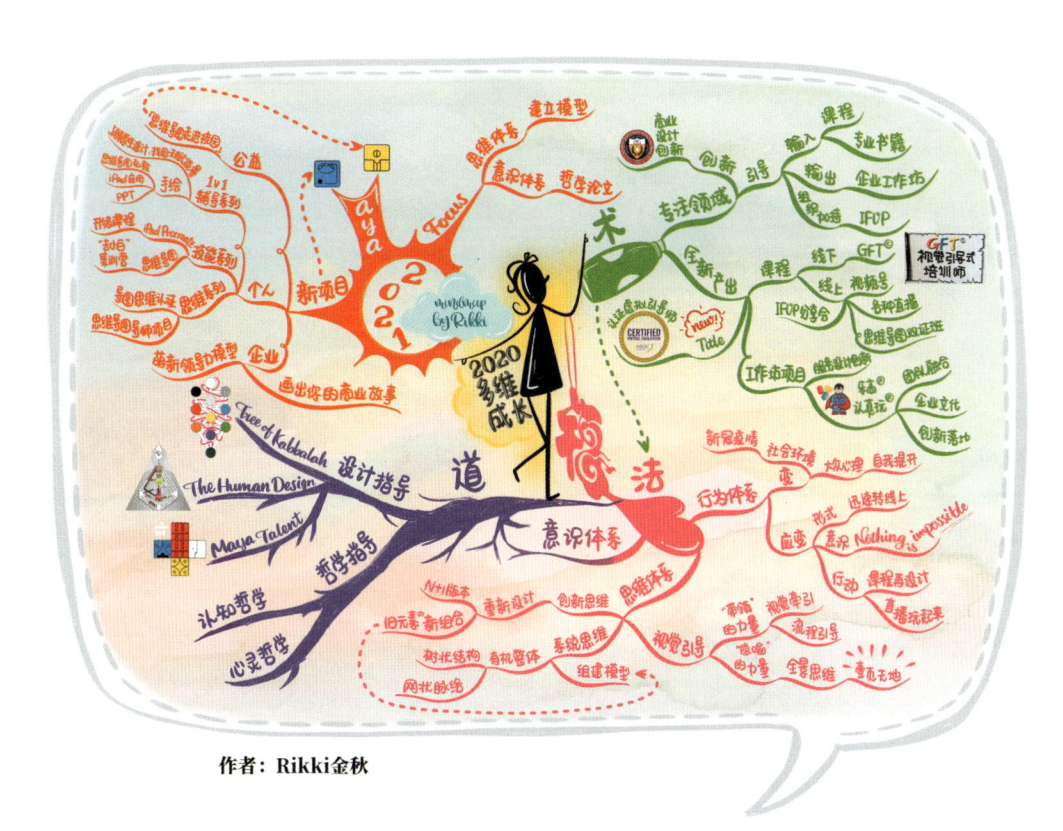

图 6-16 2020 年度复盘思维导图

3．其他复盘

作品介绍

如图 6-17 所示是我参加 Rikki 老师思维导图认证班后做的第一份作业。Rikki 老师帮助我打开了视野，教会了我新技能，这是我在 2020 年收到的惊喜礼物，感恩！

Rikki 点评

这张思维导图的整体视觉呈现性非常好，虽然整体内容是在写 Rikki 送给作者的礼物，但是这张思维导图本身就是作者送给 Rikki 的礼物。其分支的色彩选择和同层级的关键词的对应性做得很棒。

提升点：在做思维导图时，有一个意识要打开，那就是随时保持思维继续发散的可能性。以第一个主干分支为例，三个子分支分别记录了时间，其之后的子分支分别在描述遇见的地点及内容。所以"地点"和"内容"可以是现有的第二层级和第三层级之间加上的一个层级。因为多了一个层级，就多了一层发散的可能性，也就多了一层让思维裂变的可能性，让我们在思维导图丰满的层级中将思维放飞！

第 6 章 组织型思维导图 149

作者：吴炜｜企业内训师&视觉引导实践者

图 6-17 "遇见 Rikki"思维导图

作品介绍

开放空间引导工作坊初步实践后，以书本结构为脉络，用思维导图对实践和知识全面复盘，发现实践的盲区和知识的重点，如图 6-18 所示。

Rikki 点评

这张思维导图的质量很高，而且这种方法我非常推荐读者使用。这是一张在实践了所学内容之后，将理论与实践进行对比的复盘思维导图。用这种方法，不仅可以对理论内容有更深入的理解，而且也可以明白自己的实践与理论的差距，这样查漏补缺的方式让人印象深刻，非常容易填补现有的认知空白，相信在下一次实践中，一定会有质的提升。

提升点：由于这张思维导图的内容非常丰富，我们在间隔一段时间之后回看时，可能在很短的时间之内抓住关键点的难度比较大，所以比较建议设置一个 AHA 分支，在这个分支中写出最重要且紧急要提升的 3 个关键点，这样可以首先对各种问题的优先级进行排序，同时对随时回顾的效率有所提升。

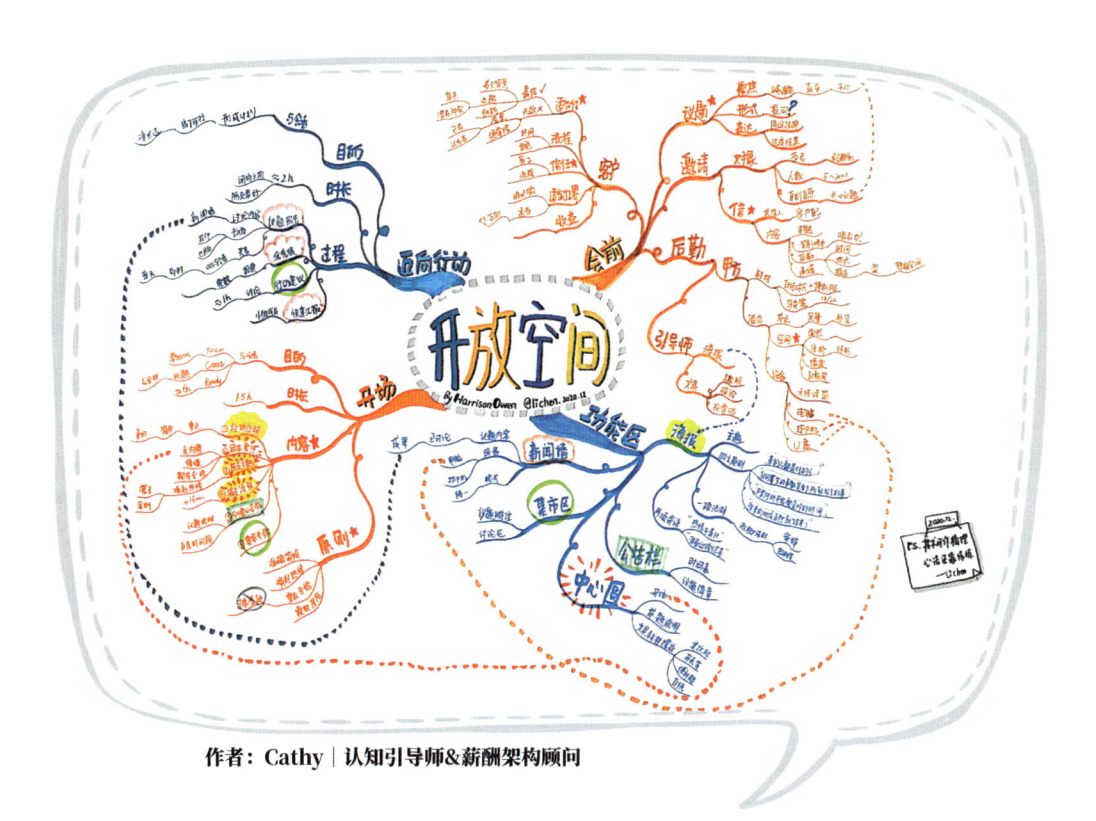

图 6-18 《开放空间》主题复盘思维导图

6.1.3 亲子互动

作品介绍

如图 6-19 所示,这是我儿子在上一年级刚学完拼音时,第一次用思维导图进行的知识整理,他用这张思维导图帮助小朋友解决了很多平时容易混淆的拼音读、写问题。

Rikki 点评

作者在参加思维导图认证班之前的拼音学习思维导图中,其思维的发散性是远远没有达到如图所展示的思维程度的,比如,在之前,"声母"后面的"b、p、m、f、w、y"是写在同一个分支上的。经过对思维导图的学习和深入理解之后,她非常成功地从线性思维转换到了发散性思维。

提升点:这张图对于孩子学习拼音来说,可以有更开阔的应用发散性,比如,在上段文字中提及的声母"b"之后,可以发散出与其对应的子分支,如"ba、bi、bu、bei"等拼音,之后可以在"ba"之后继续发散为"巴、拔、把、爸"等文字,文字后可继续发散词语,之后还可以发散为词组、句子。如果有这样一张从拼音发散到文字、词语、词组、句子的思维导图,那么家长还会发愁孩子学不好语文吗?

第 6 章 组织型思维导图 153

作者：陈润容 | 视觉记录师

图 6-19 亲子互动之拼音学习思维导图

作品介绍

小学一年级正是学生识字的高峰期，然而汉字的构造博大精深，我儿子将课本枯燥的文字进行拆解、分类，再汇总、体现到思维导图上，如图 6-20 所示。从此，学习变得十分有趣。

Rikki 点评

疫情期间，居家学习的孩子如果能用这样的方式进行自主学习，那么家长一定会感到很欣慰。作者后续给我的反馈是孩子非常积极地学习，主动将这张比他身体还大的纸张填满，成就感满满。提升孩子学习的主动性和积极性，不正是家长所期待的吗？一起尝试起来吧！

提升点：对于孩子应用思维导图来说，技法完全不重要，主要是培养孩子的分类意识和他不断打开的发散思维意识。让孩子掌握完成一张思维导图的全部主动权，在孩子完成思维导图的过程中，家长可以陪伴，但不要代笔。若家长帮助孩子完成一张很完美的思维导图而缺乏孩子参与的话，这样的一张思维导图，对孩子来说，不过是一份像课外练习册一样枯燥的参考资料。

第 6 章 组织型思维导图 155

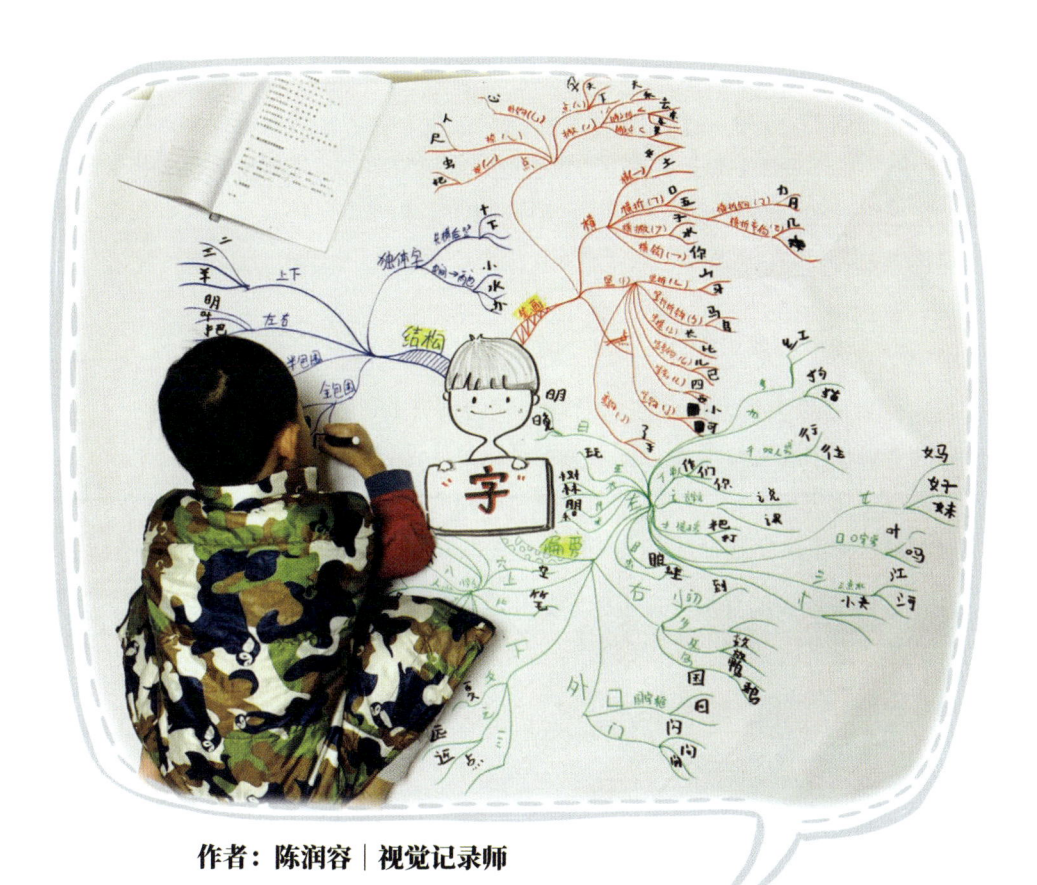

作者：陈润容｜视觉记录师

图 6-20 亲子互动之汉字学习思维导图

作品介绍

如果您收到班主任的通知，需要家长在家长会上分享家庭教育经验，却不知从何说起，这时，思维导图就派上用场了。我通过归纳日常对教育的思考，提炼出关键词，做了这张思维导图，如图 6-21 所示，同时还制作了 PPT，现场分享效果让参会老师、家长和孩子眼前一亮！

Rikki 点评

收到作者做的这张思维导图的时候，我特别开心。虽然现在很多学校的老师都已经在给学生布置用思维导图完成课程内容梳理的作业，但是很多学生和家长只是把思维导图当作完成任务的一种工具，而没有深究这种工具在思维开发及对孩子培养上的重要作用。

作者以家长代表的身份向班上的老师和其他家长用思维导图的方式做了分享，显然说明了他不仅会用思维导图，而且已经把思维导图用在自己的日常生活中。可见作者的思维导图意识和思维方式已经建立，当然他的孩子也会受到潜移默化的影响。于是孩子优秀，家长也被邀请做分享，多好的良性循环！

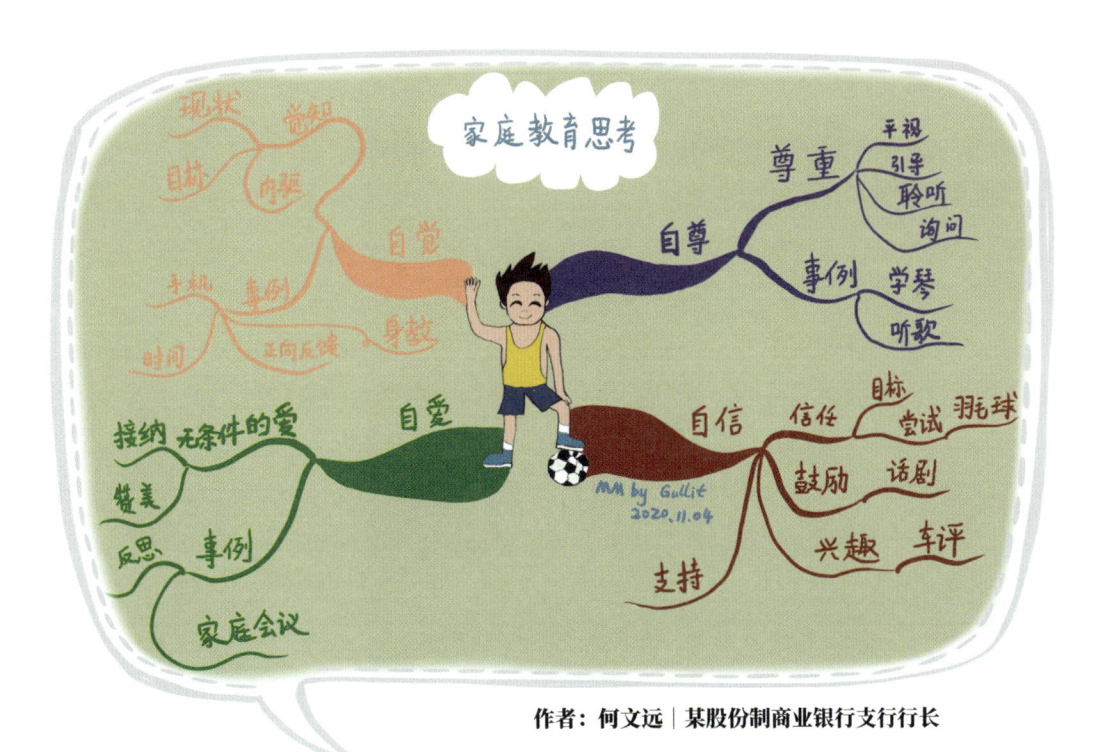

作者：何文远｜某股份制商业银行支行行长

图 6-21　亲子互动之家长会思维导图

作品介绍

孩子开始学习几何时,为了更好地理解各类图形,他主动拿起了我的那套彩笔开始画起了思维导图的"丰富的图形世界",通过绘制思维导图,孩子对各类几何图形建立了更清晰、更系统的认识,如图 6-22 所示。

Rikki 点评

在家长的带领和影响下,孩子已经把思维导图用在几何课程的重点梳理上,这个应用非常棒。我们平时见的比较多的是用思维导图来梳理文科知识,而对理科知识的梳理在逻辑框架的要求上会更高,这是一个特别好的尝试。

提升点:对于年级稍高的孩子来说,我们已经可以带领他们尝试一线一词的规则,让孩子感受一个词语和一个词组/句子对于激发想象和联想的差异性,从而更好地培养他们的发散思维。

作者：何文远｜某股份制商业银行支行行长

图 6-22 亲子互动之几何学习思维导图

6.2 工作应用

越来越多的职场人开始将思维导图用于工作中,并且正在通过思维导图这种工具凸显自己不俗的思维能力。在这部分内容中,我们通过 3 个场景各不相同的应用,来看看思维导图是如何在工作中发挥作用的,如图 6-23 所示。

6.2.1 会议记录

作品介绍

2020 年底,我与中山大学岭南学院的 MBA 校友们一起参访了卓越集团,由卓越集团的几位领导层人员为我们做了集团介绍及参加了问答环节。我在整个参访过程中记录了要点内容。

考虑到现场参访的人数众多,在这些参访人中,会有完全不了解思维导图的同仁,于是在做思维导图的过程中,我并没有选择在每个分支线条上都按照思维导图一线一词的标准书写,这样可以很大程度地保证这张思维导图内容的可阅读性和可传播性。

这张思维导图得到了当天参访同学们以及卓越集团领导们的一致好评,大家表达了用这张思维导图对参访的大量信息进行回顾和记录的便利性。这就是用思维导图做会议记录的优势——便于回顾、记忆和综合复盘。

第 6 章 组织型思维导图 161

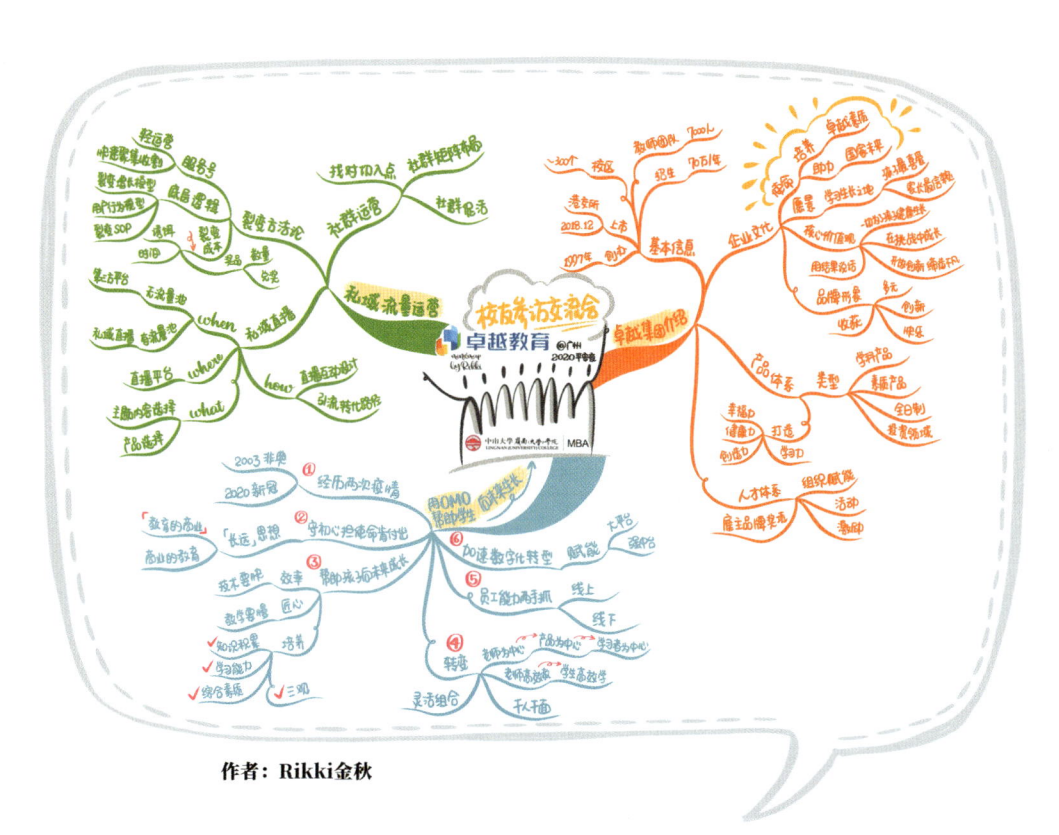

图 6-23 参访企业会议记录思维导图

6.2.2 工作室介绍

作品介绍

学习了思维导图之后，我最喜欢的就是用思维导图来梳理课件，使得课程内容框架逻辑清晰。如图 6-24 所示是我们的成长营体系，体系内的课程大纲为：第一节课从清晰目标开始，运用工具具体化目标、愿景画面来确定成长的方向；第二节课是关于沟通的诀窍，因为人际关系是我们人生重要的话题之一；第三节课是关于聚焦的内容，很多时候我们觉得时间、精力不够，其实是有很多事物分散了我们的时间和精力，我们需要练就聚焦的能力；最后一节课是学会从过去学习经验，从未来吸收能量。

Rikki 点评

用思维导图做课件是一种特别棒的方式，因为可以从总体框架上看到内容布局的逻辑，并且查漏补缺和随时更新内容也非常便利。讲师在整体上有框架性的把控，即使在某个环节临时加长或缩短框架内容，也不会对整体框架内容造成太大的影响。而要将事件的整体框架高效地输入大脑中，一张全景式的思维导图不正是很好的选择吗？

提升点：作为课程规划思维导图，建议在每个关键模块处（无论大小）都加上时间段，这样就能看到时间与内容重要程度的对比情况。此外，我还有一个小应用技巧，就是在所有需要计时进行的环节旁边，放一个"闹钟"的插图；在需要有海报内容的环节旁边，放一张"纸"的插图，来分别对不同功能和效果的环节设计进行提示。这些都可以通过思维导图的相关技法表示出来。

第 6 章 组织型思维导图 163

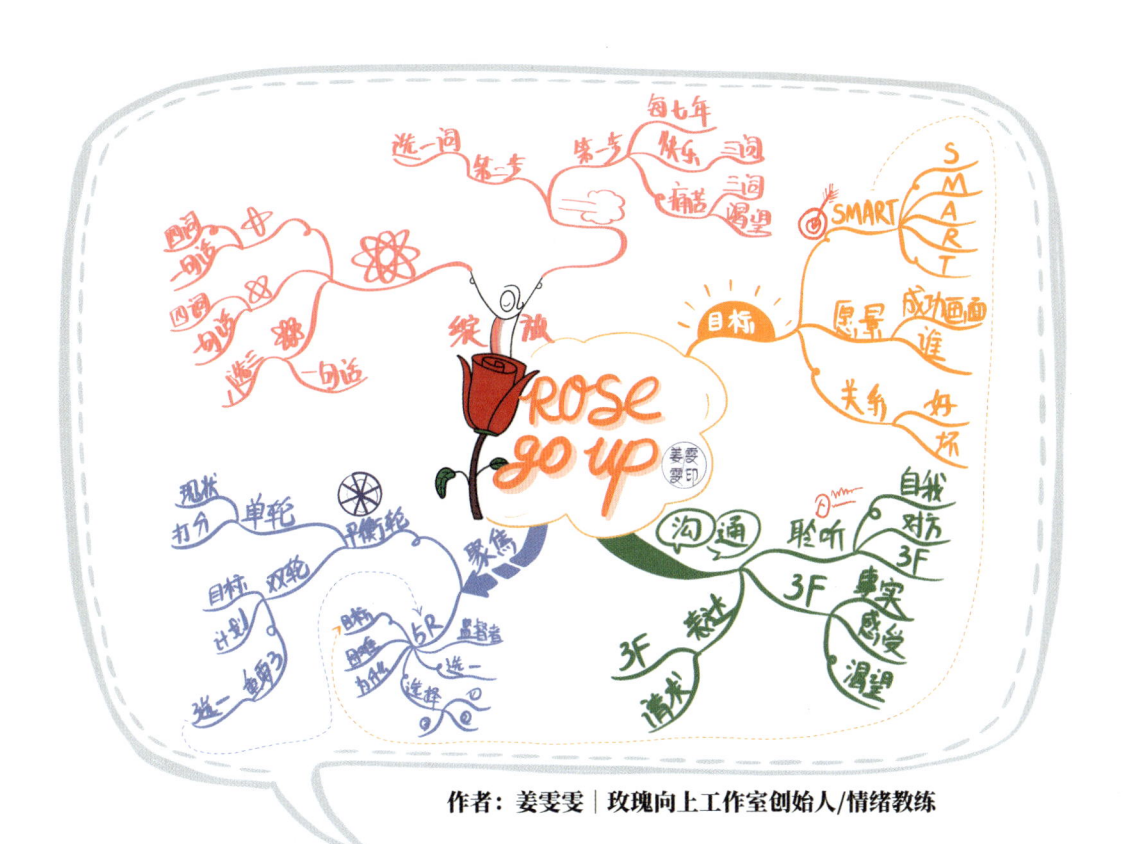

图 6-24 工作室训练营介绍梳理的思维导图

6.2.3 项目梳理

作品介绍

2020年年底，我参加了一项年度视频拍摄及后期制作的工作，因为自己平时对拍摄剪辑有一定的了解，在拍摄过程中，我在思考怎么把这些经验总结出来，让大家参考。比如，这项工作提前需要准备什么、期间要注意什么、重点要强调的内容是什么、以什么样的形式突出重点，以及自己对视频的大致画面要有一种设想，如图6-25所示。

Rikki 点评

作者有一个非常突出的优点，就是特别善于精准地选取主干分支的关键词，从比较高的维度来建立内容框架，从而让她做的思维导图源源不断地发散能量。作者在关键词的选择和层级逻辑关系呈现上的做法，非常值得我们学习。

提升点：作者绘制这张思维导图时，视频制作的过程尚未结束。若之后视频发布并且得到了后续反馈，就可以在思维导图中继续增加一个主干分支，来说明视频制作后期及发布后的相关信息，比如，观众的反馈、后续的提升、下一步的计划等。这样，整张思维导图的完整性就得到了非常大的提升，也能对自己之后再次进行视频制作有更大的指导意义。这也是本书最后一章的"做一份给未来的思维导图"所阐述的内容。

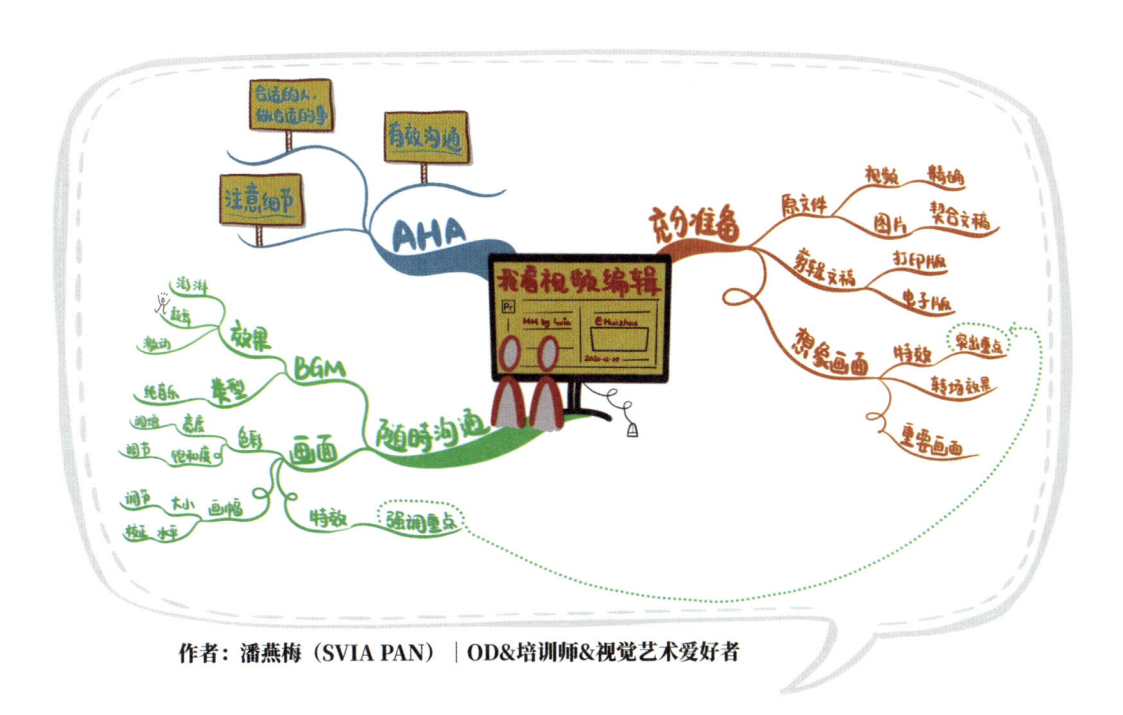

图 6-25 "我看视频编辑"思维导图

6.3 生活应用

除了把思维导图运用在学习和工作中,思维导图在生活中的应用也非常常见。接下来,希望在 3 个场景中的 7 张思维导图,可以给你带来将思维导图随时融入生活的灵感启发。

6.3.1 日记

作品介绍

如图 6-26 所示,这个周末过得充实且难忘,加班学习时,掌握视频编辑的技能;约会时,领悟到了要关注小朋友的情绪。休息充电时,发现了自己要放慢节奏去享受。每件小事都给自己带来了一些思考,很棒!

Rikki 点评

这是一张作者对自己度过的充实的周末做的一张思维导图日记,这张思维导图充分体现了她在建立思维导图主干框架时的优秀的思维能力。思维导图分支上的"约个会""加个班""充个电",既让我们看到了作者在关键词整理上的能力,又清楚地描绘了作者在周末做的 3 方面的事件。

用思维导图来写日记的形式,能帮助我们在把事件记录清楚的同时,锻炼我们分类整理的逻辑思维能力。所以这种方式不仅适用于成人,而且特别适合学生在写日记和写作文的时候,进行发散思维的练习。长期进行发散思维的练习就不会出现拿着笔,半天写不出内容的情况了,大家不妨试一试。

第 6 章 组织型思维导图 167

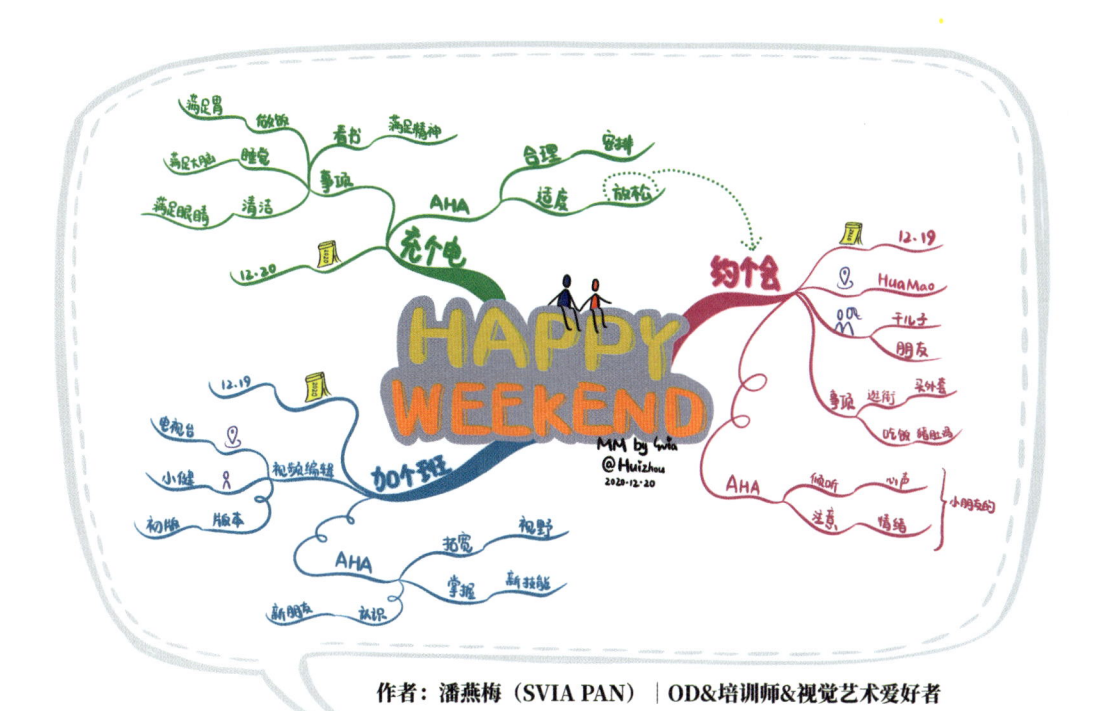

图 6-26 "Happy weekend"思维导图

作品介绍

我经常用思维导图来记录一些特别的、值得纪念的日子。如图 6-27 所示,这张思维导图是我与一位 10 年未见的老友重聚首当天的思维导图日记。

从内容的角度来说,可谓天马行空。但即使已过去 3 年多,在我看到思维导图中某一个关键词时,也能清楚地想到当时夹哪个菜送进口中或正在喝咖啡、正在哈哈大笑等瞬间。这让我每次看到这张思维导图时,都会开心地去回顾聚会那天的情景。对我来说,这样的感受已经高出绘制思维导图的价值太多倍。

第 6 章 组织型思维导图　169

图 6-27　老友聚会的思维导图

作品介绍

这是我做的唯一没有用到色彩的思维导图，因为做这张思维导图是为了纪念一位已逝世的篮球巨星——布莱恩·科比，如图 6-28 所示。

布莱恩·科比是我非常喜欢的一位 NBA 球星，得知他逝世的那个早晨，我的内心感到一阵强烈的震动。布莱恩·科比逝世的那天，在各种媒体上，充满了各种对他悼念和梳理他生平的文章，让我对这位巨星有了更加全面的认识。我不想让这样的认识在时间长河中慢慢淡去，于是，我拿出了笔，绘制了如图 6-28 所示的一张思维导图，图中分别从传奇球星、投资新星和惜落流星 3 个方面，展开了我对布莱恩·科比的回顾。从此这张思维导图永远留在我的记忆中。

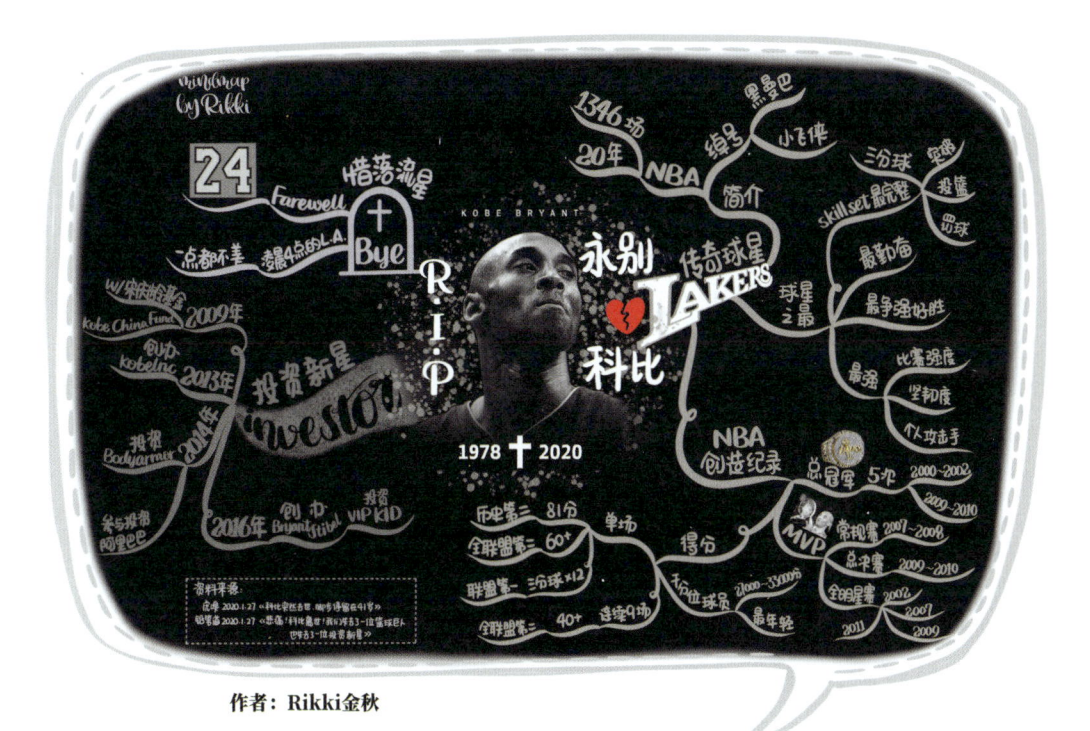

图 6-28 纪念逝去的科比思维导图

6.3.2 旅游

作品介绍

这是我和儿子去烟台蓬莱的 3 天亲子游复盘思维导图，如图 6-29 所示。在图中，我重点展现了实际游玩跟计划游玩在内容和消费金额上的区别，以及在游玩过程中实际发生的意外。这些复盘思维导图可以帮助我以后再去规划这类亲子游的时候，更好地规避意外的风险。

Rikki 点评

作者做的这张思维导图是对自己旅游的一次复盘。这是思维导图的一个特别好的应用，这样不仅可以清楚地回顾此次旅游中的细节，而且有一个"意外"的分支，让这张思维导图的存在可以为之后的旅游起到提醒的作用，实现了我所提出的观点"做一份给未来的思维导图"（第 12 章）。

提升点：在思维导图的第一个主干分支"计划"中，分别对人员、地点、时间、预算、行程 5 个方面的内容进行了梳理，但在第二个主干分支"实际"中，我只看到了对预算部分的梳理，这样就只呼应了第一个主干分支中的第四个子分支。建议这两个大分支的内容有更完整的对应关系，这对一张复盘思维导图来说，有更好的梳理效果并对作者以后的旅行具有指导意义。

第 6 章 组织型思维导图 173

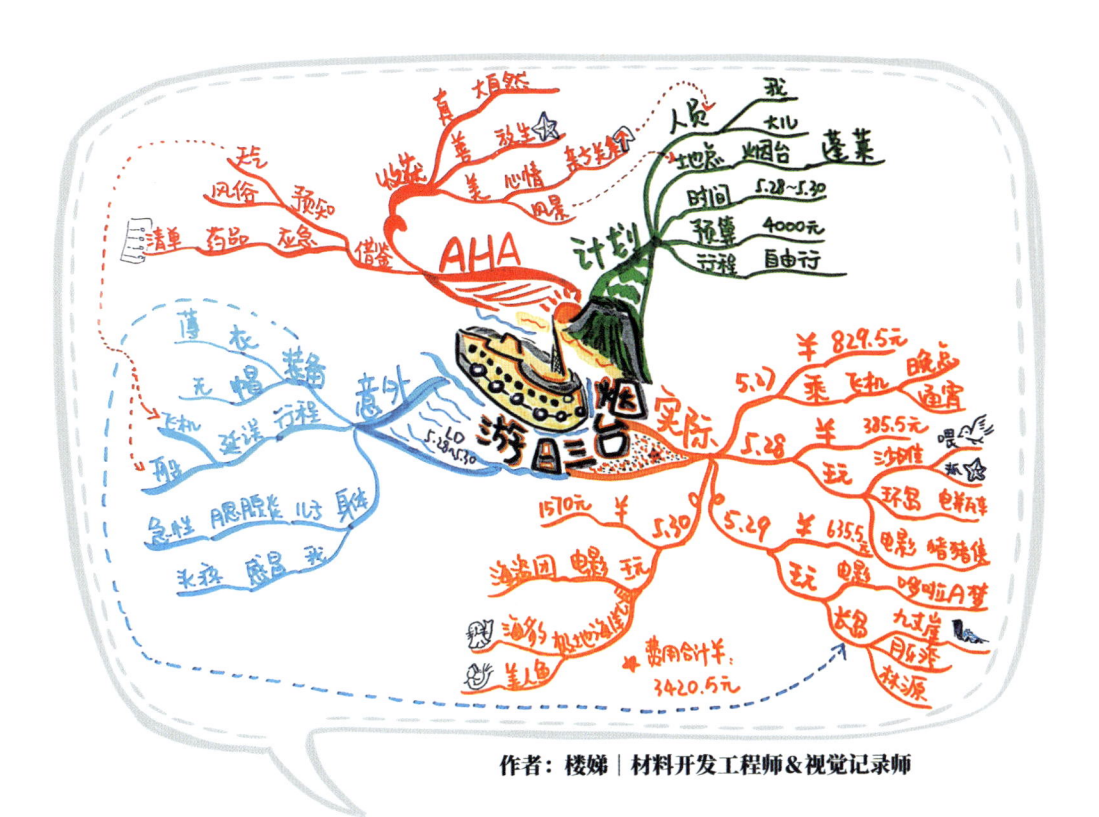

图 6-29 "烟台三日游"思维导图

6.3.3 节假日

作品介绍

自 2019 年以来,"女性力量"这个词非常火热,在国际劳动妇女节到来之际,我对这个节日进行了相关信息以及我个人感受的内容整理,形成了这张思维导图,如图 6-30 所示。

在这张图里,我想给大家参考的一个点是,关于长词组或小句子在无法切割时的处理方法。可以看到,图 6-30 中右上角的"国际劳动妇女节"以及图下方的中间偏左位置的"姐妹们的聚会好 happy"这两个内容,确实可以按照一线一词的形式拆解和展开,但这些已背离我个人想表达的含义,并且没有实际意义。于是我把两个内容分别做成插图,把文字作为插图中的组成部分,委婉地表达了我原本想要表达的内容。你学会了吗?

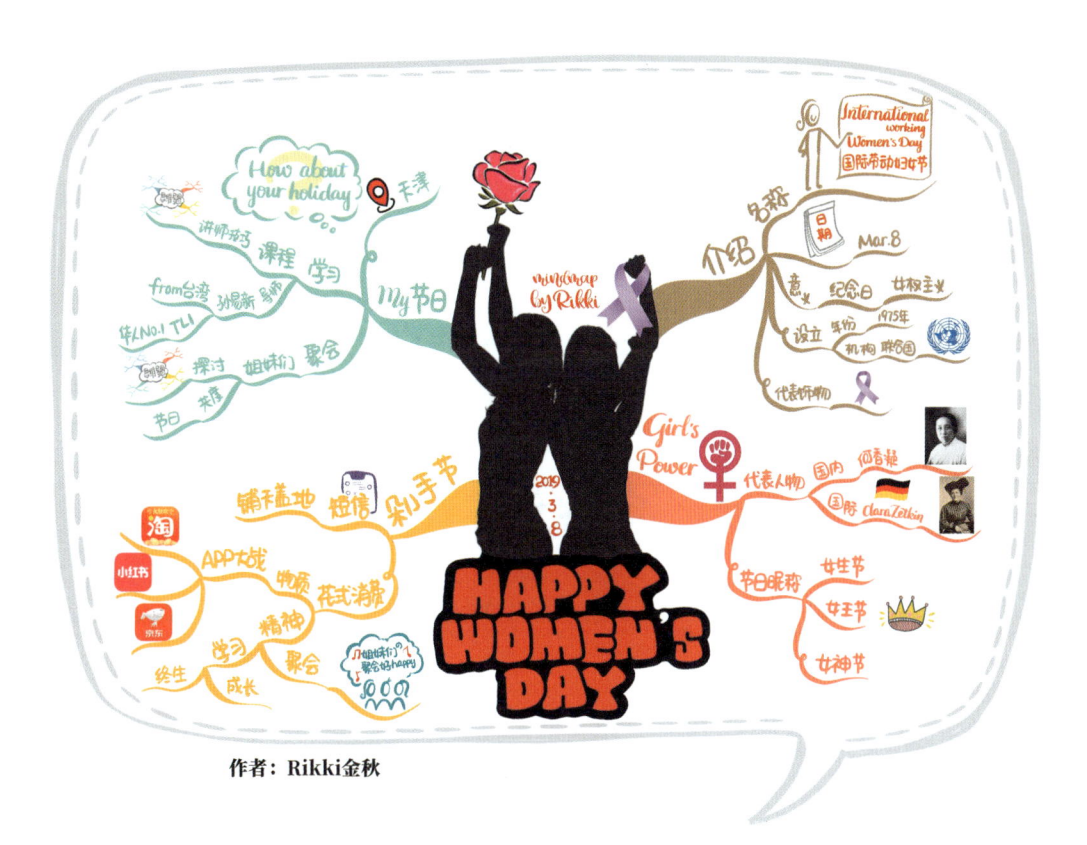

图 6-30 "国际劳动妇女节"思维导图

作品介绍

这张思维导图与上一张国际劳动妇女节的思维导图一样，同样是对节日进行梳理的一张思维导图，这次用思维导图进行梳理的是情人节，如图 6-31 所示。

在这张思维导图中，我比较喜欢，同时推荐给读者参考的是第二个分支"礼物"的内容。与上一张思维导图相同的是，这张图也对长词组进行了图像化的处理。由于"送你美颜得你心""填你荷包得你心"及"健你头脑得你心"是在内容上统一的 3 方面的内容，将它们拆解后就没有了原本语言的美感和含义，于是就有了图中这样由人物举着牌子，牌子上呈现文字的展现形式，供读者参考。

第 6 章 组织型思维导图 177

作者：Rikki金秋

图 6-31 "情人节"思维导图

作品介绍

2020年的春节是暴发疫情、大家都居家过年的一个特别的春节。春节期间居家的我，以"鼠年送祝福"为主题做了一张思维导图，如图6-32所示。

这张思维导图最难的部分是中心主题的立意及主干框架的搭建。站在春节这样的时间节点上看全国、看全年，是一个很大的视角，应该如何搭配春节这个特定时间，进行思维导图内容的展开呢？

最终，由于疫情带来的影响，除了捐款之类力所能及的具体行动，还能做的就是衷心地送上自己的祝福。所以，我按照人数从少到多的顺序，确定了四个分支："送家人""送伙伴""送行业""送祖国"，形成了这张"鼠年送祝福"的思维导图。

图 6-32 "鼠年送祝福"思维导图

第 7 章
互动型思维导图

在本章的内容中，我将带大家看到，思维导图不仅是进行个人思考的工具，也是团队沟通、团队共创，甚至是团队融合的工具。通过本章中思维导图在 9 个细分场景中的应用，我们一起将思维导图的外延不断地打开，让思维导图更好地帮助团队做出丰硕的成果。

7.1 学习应用

在互动型思维导图的应用中，我们同样分成了学习、工作和生活三大场景。首先是我个人屡试不爽的自我介绍思维导图，它让我无论在什么场景下，都能有效地吸引所有在场观众的关注。我在第 3 章中带领读者们绘制的自我介绍思维导图，可以经过不断地打磨，成为一张标准的个人介绍思维导图，势必能给你带来比传统的自我介绍更高的关注度。第 7.1.1 节中的自我介绍思维导图，就可以给大家带来很多灵感。

其次，团队头脑风暴和亲子学习也会通过精彩的思维导图互动让你惊叹："原来用思维导图学习和讨论问题可以这么有趣、有效！"

7.1.1 自我介绍

作品介绍

如图 7-1 所示及如图 7-2 所示的两张思维导图分别是 2018 年年底及 2021 年年初我做的自我介绍思维导图。相同的是，我一直在用这样的方式为自己及所营业务做一页纸的高效说明介绍。不同的是，读者们应该可以明显地看到我在思维上的成长和思维导图应用能力的提升。

我强烈建议读者朋友们在准备个人简历、项目说明、产品介绍、企业展示等全局式描述的内容时，尝试用思维导图的方式进行高效的一页纸呈现。你会发现，用这样的方式，不得不在思考的过程中非常有逻辑、有条理地把所有的内容梳理一遍，也许在梳理内容和思考的过程中，就会发现新的产品线、新的机会。同时，对于观看这张思维导图的人来说，也会一眼看清全局，并对思维导图的作者的逻辑能力和整合能力暗自点赞。

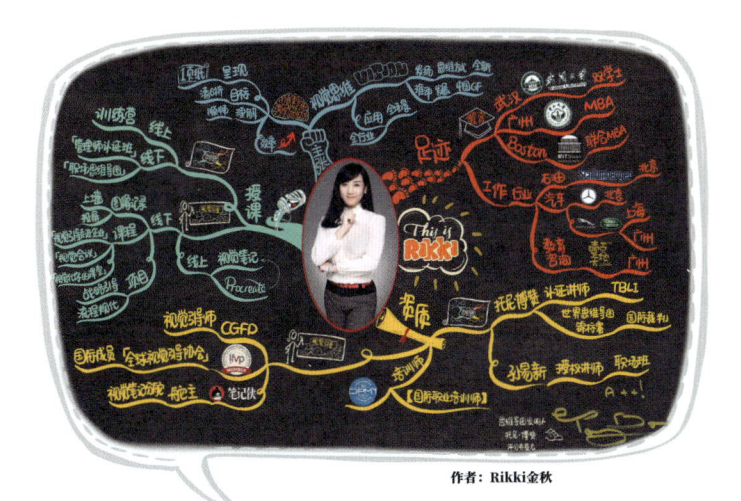

图 7-1　Rikki 自我介绍（2018 版）思维导图

图 7-2　Rikki 自我介绍（2021 版）思维导图

作品介绍

如图 7-3 所示,是一张用于团队内成员熟悉彼此的自我介绍思维导图,主要突出个人相关信息,以及展现对即将参与课程的期望。

Rikki 点评

这张自我介绍思维导图在整体视觉感观上非常优秀,即中心图美观大方,明确代表了个人特点;三个分支的颜色冷、暖色调间隔并各有含义;虽然有三个分支,但是仍然保持了整体布局的平衡。

提升点:让思维导图可以持续发散的一个诀窍在于,对主干分支和二级分支的关键词严加打磨,其概括性和抽象度越高,思维就会越发散,思维导图就会越舒展。在觉得思维导图已经无法继续打开又不想止步于此的时候,可以查看是不是有些层级之间有断层。比如,在第一个分支"信息"的后面,有三个子分支"狮子座""孩子妈""HR",我会认为这 3 个词的对应性欠佳,这时我就要去寻找它们的上位阶,看看它们的"领导"是谁。于是我分别找到了"狮子座""孩子妈"和"HR"。我们会发现,与星座对应的词还有属相,这两个词与生日信息有关,于是又找到了它们的上位阶。至于身份,除了有孩子妈,还有妻子、女儿等内容。岗位属于工作信息,对应的有职位部门等。所以,"信息"这个大分支就已经通过层级的填补让内容有了进一步的发散,我们可以通过检查层级的缺漏来让思维导图带着思维起飞!

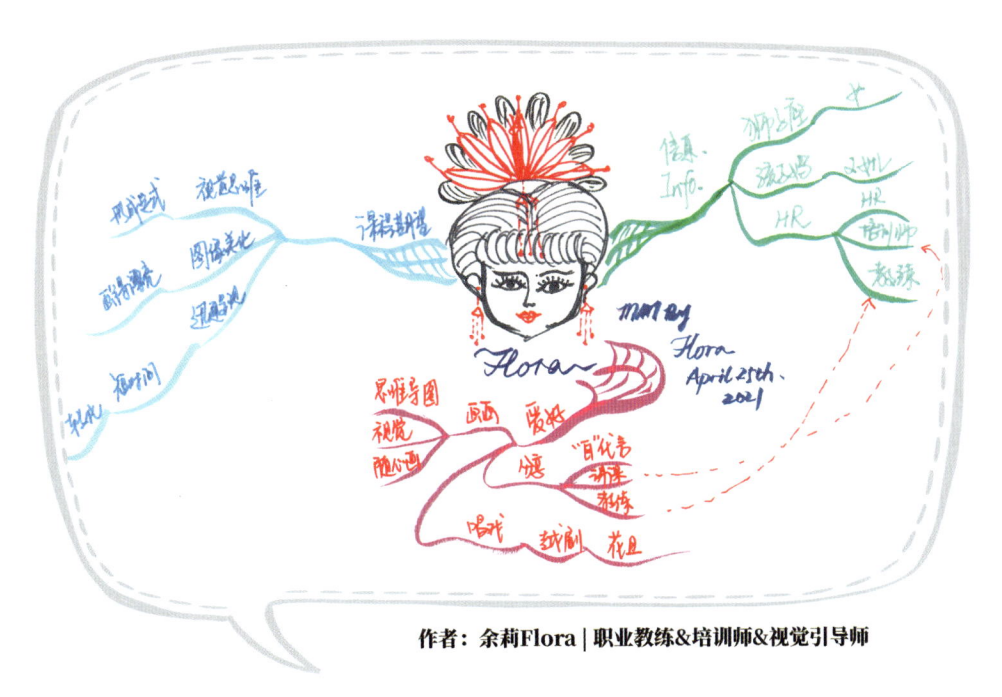

作者：余莉Flora｜职业教练&培训师&视觉引导师

图 7-3　自我介绍思维导图

7.1.2 团队头脑风暴

作品介绍

如图 7-4 所示，是训练营小组共创的思维导图。团队共创思维导图当天，恰逢国际劳动妇女节，于是我们就用"3·8女神节"作为共创思维导图的主题。在我们进行头脑风暴的过程中，每位组员各抒己见，我们发现了很多大家共性的部分，当然也有各自的特色观点。于是，我们针对全部信息做了归纳和总结，收拢到四大分支中，之后进行了子分支的发散，最终形成了这张思维导图。

我们团队的小伙伴在这个过程中都非常积极地参与其中并提出自己的想法，当最终作品成型并在展示之后得到 Rikki 老师的奖项鼓励时，我们的团魂熊熊燃起！在训练营结束之后，我们一直保持联系并与大家共同探讨。

Rikki 点评

这张思维导图最大的意义，也是我在思维导图训练营中留给战队这个任务的原因所在。就是让大家看到，思维导图不仅是我们梳理信息和思考的工具，而且它还可以作为团队思想的碰撞，形成共创结果的一种团队思考引导工具。多期训练营战队任务的优质水平，说明了这种工具对团队思考过程的引导和结果成型的可行性。读者朋友们可以在个人应用思维导图之余，尝试用它进行对团队思考的带领。

提升点：四个主干分支的关键词可以做进一步的整理。"自己""家庭""社会"是3个在同一维度上的对应词，"过节"稍显突兀。另外，中心图的颜色如果为3种或3种以上，那么整张思维导图的视觉呈现部分将会更加完善，对思考的激发效果也将更加明显。

作者：喵喵喵战队队长王小喵 | 思维导图
入门训练营第2期，战队共创思维导图

图 7-4 团队共创思维导图——"3·8 女神节"

作品介绍

如图 7-5 所示，这是一张训练营小组的团队共创的思维导图；

是远方战队学习总结和未来发展的期望；

是战队全员意见的综合，是团队的共识；

它能够面向未来，指引方向和具体路径。

思维导图是共创式学习的好帮手。

Rikki 点评

这同样是一张在思维导图训练营中的战队共同完成的作业。这张思维导图的执笔作者是一位非常优秀的思维导图爱好者和实践者。这张图在技法上和思维上都属于非常棒的作品，值得读者朋友们参考、学习。

提升点：这张思维导图的内容非常丰富，所以需要注意的一个问题就是，关键信息的强调与凸显。如果仅有很短的时间来观看一张思维导图，那么我们除了要看到中心主题，还要看到通过中心图凸显的关键内容。所以适当地用插图来告诉读者，这张思维导图的重点在哪里，会有助于读者提高观看效率，同时，有助于自己在回看时，确保优先回顾到重点内容。

第 7 章 互动型思维导图 189

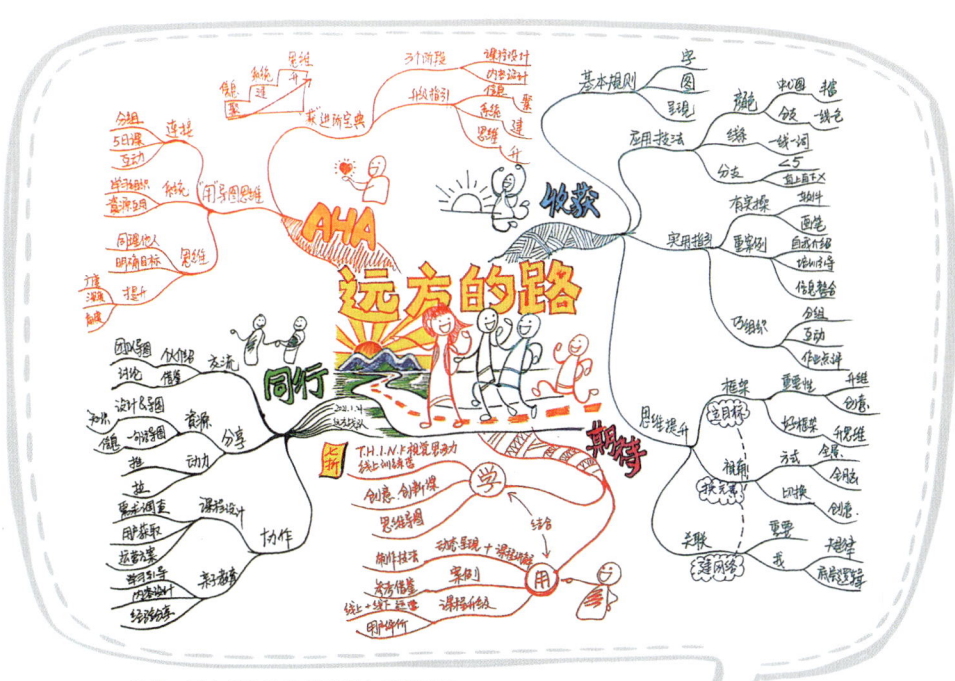

作者：远方战队队长孟凡超 | 思维导图
入门训练营第1期，战队共创思维导图

图 7-5 团队共创思维导图——"远方的路"

7.1.3 亲子学习

作品介绍

我的女儿非常喜欢看《冰雪奇缘》这部动画片,我给她买了不少与《冰雪奇缘》配套的绘本。如何能让她在感兴趣的前提下,更好地将绘本的内容理解和吸收呢?我选择了用思维导图带着女儿一起完成绘本的探索之旅,如图7-6所示。

在这张思维导图中有一个小技法给大家参考,就是迷你思维导图。可以看到在主思维导图的第三个分支"情节"中,延伸出了一个迷你思维导图,它对"情节"这个部分进行了更深入的说明。我和女儿一致认为,我们要表达的主题是能够融化一切的"爱"。于是就以"爱"为主题,对迷你思维导图进行了情节上的展开。

所以,如果读者朋友在遇到思维导图的某个分支的内容需要非常大的篇幅进行描述,并且这部分的主题可以进一步深化时,那么我们可以采取延伸出迷你思维导图的做法,将内容进行更深入、更完整的说明。

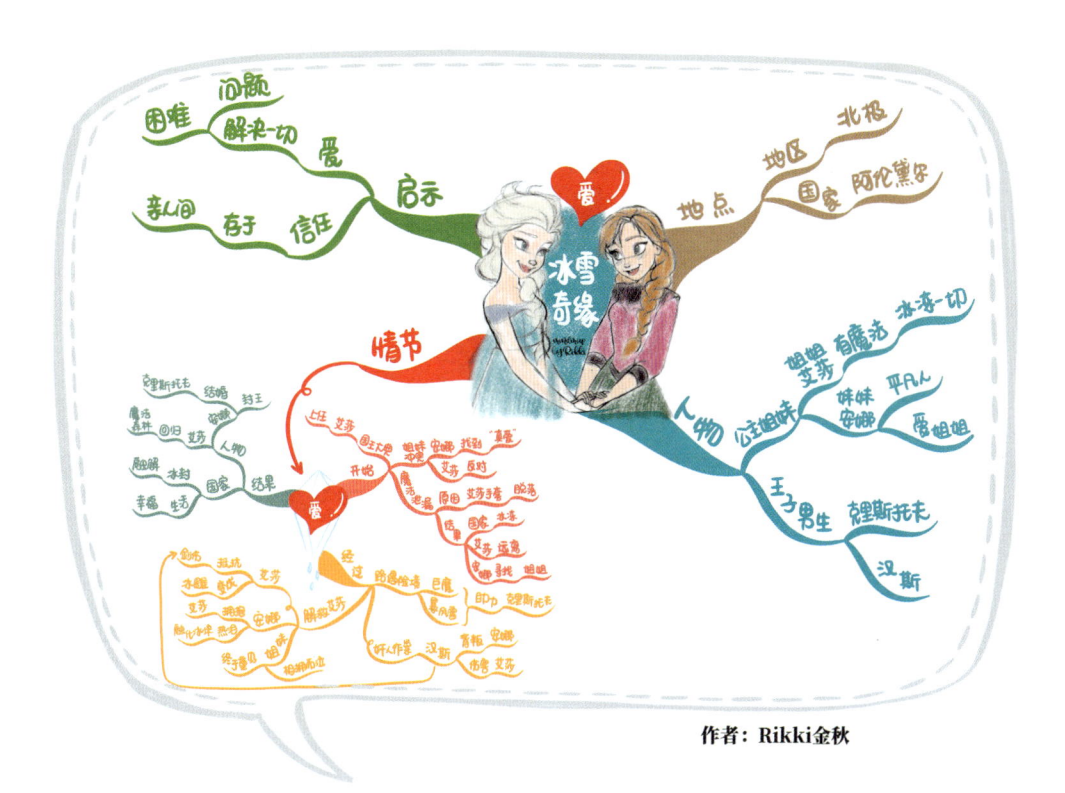

图 7-6 亲子绘本学习思维导图

作品介绍

如图 7-7 所示的这张思维导图是对一篇比较晦涩难懂的思想政治文章进行拆解和梳理，从而做成的一张学习梳理类的思维导图。

这张思维导图的特点是，其不是根据文章的段落顺序进行思维导图内容的排布的，而是在完全理解了文章的全部内容之后，把所有信息拆开、揉碎、吸收之后，重新进行信息的整理。简而言之，这张思维导图的主干分支呈现的并不是文章中的自然段，而是我们彻底理解之后的意义段。

所以，这张思维导图的制作思路不但适用于学生在学习过程中，先理解内容后做图的思路，而且适用于我们在阅读书籍后做读书笔记的思路。如果仅仅根据一本书的目录来呈现思维导图的分支，那么这张思维导图就是在为该书的作者而做。要让这张读书笔记思维导图真正为自己所用，就要抛弃书中的自然段，用自己的理解将书中的内容整理为意义段，从而形成读书笔记思维导图的主干分支。

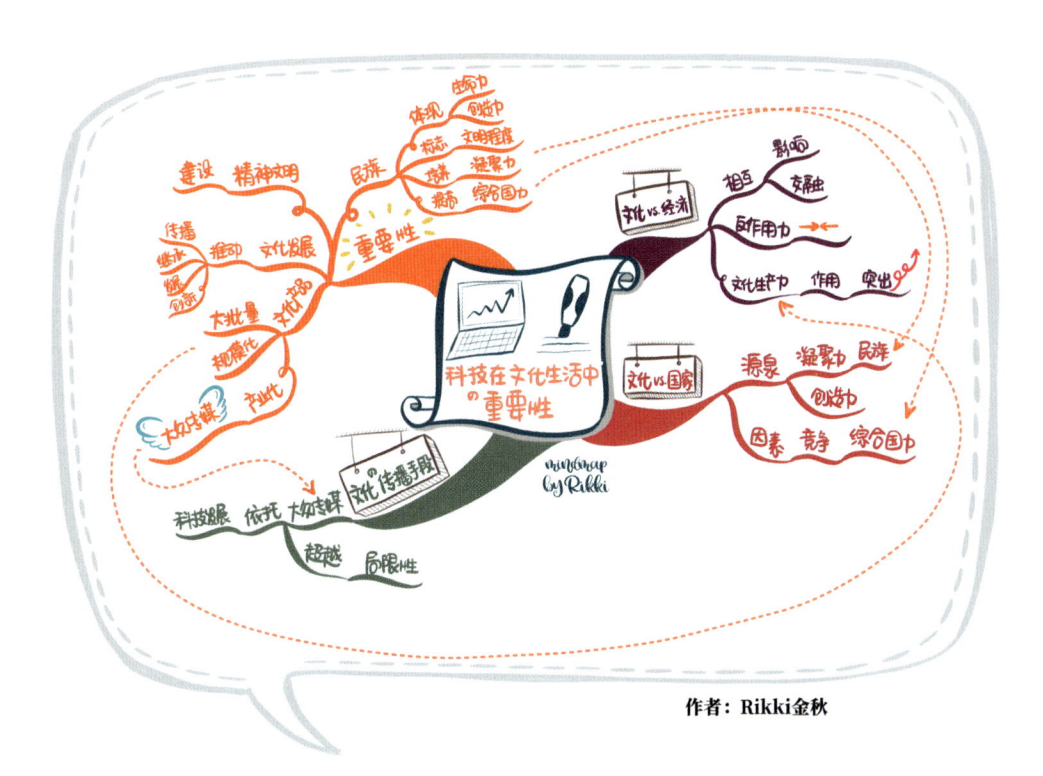

图 7-7 "思想政治学习"思维导图

作品介绍

如图 7-8 所示的这张思维导图对中学生物中的一个概念——减数分裂进行了说明和描述。

减数分裂是一个非常抽象的概念，我在做这个思维导图的时候，查了很多相关的资料，辅助自己首先彻底地理解这个概念，我找到了相关的图片，有了更直观的感受。于是我明白了这个概念说的是什么、在什么时间发生、发生了什么、数量有多少及结果是什么，然后从这 5 个方面来陈述。当把这个概念用 5 个方面来呈现的时候，其实就已经把减数分裂拆解得非常彻底，并且变得相当好理解和容易被记住了。

学生们，尤其是中学生在学习比较抽象，不好理解、记忆的概念时，都可以尝试用这样的方法，帮助自己彻底理解所学的内容，并且只要自己动手做出一张思维导图，那么所学的概念就像被刻在脑海中一样，想忘记都很难，赶快试试看吧！

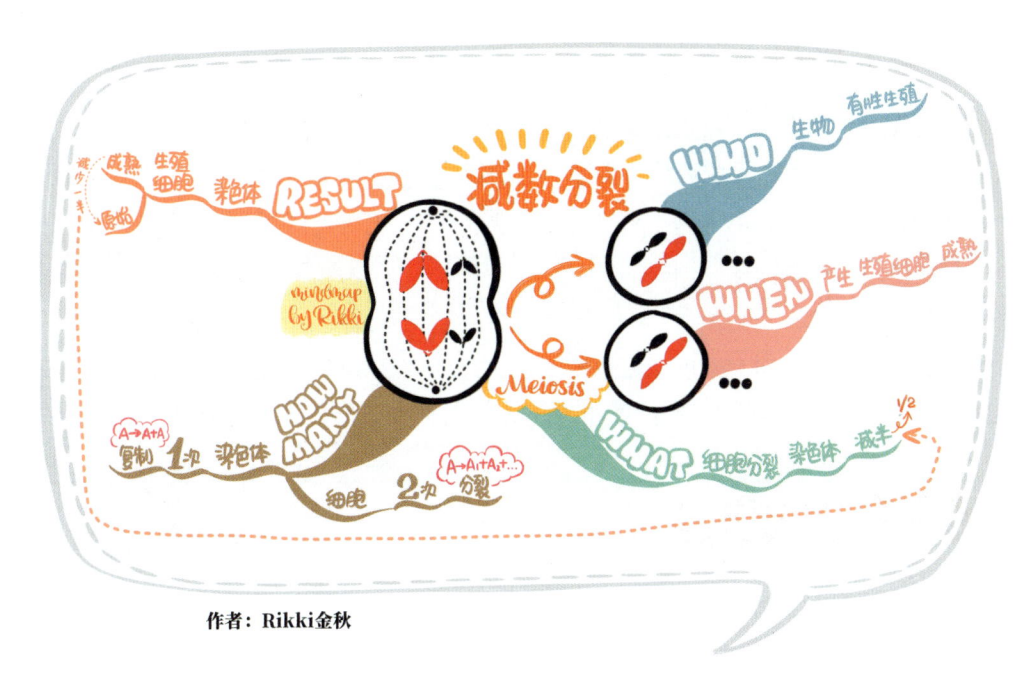

图 7-8 生物概念学习思维导图

7.2 工作应用

在工作中，我们经常会遇到需要向别人介绍和展示内容的时候，而往往这个过程很难做到聚焦、高效、不脱离原有框架，这是因为传统的 PPT 演示方式让我们的思维在线性形式的引领下，呈条列式地一点点向前进行，而忽略了整体的框架。思维导图式的思考及展示方式则是前面所述痛点的强力救星，它用发散性思维引领我们探索其中每个分支的具体内容，却又不会离开整体逻辑架构的主线。

我们用 4 个案例向大家展示用思维导图进行内容框架的搭建、展示讲解、经验萃取推广及职业生涯规划咨询等内容，相信一定能对你在工作中的应用带来启发！

7.2.1 投资项目讲解

作品介绍

应对投资机构的尽职调查，企业如何展开准备工作呢？应该从哪些方面入手呢？又有哪些要点呢？一张思维导图给你呈现一个清晰的思路，如图 7-9 所示。

Rikki 点评

作为总经理以及投资专家，作者的全局意识及逻辑性是相当强的，这一点可以从他做的思维导图关键词和层级处理中看出来。而且作者在绘图方面有自己的优势，所以他对思维导图的掌控非常轻松。作者在工作中的持续应用不断地为自己创造着机会，可以看到他经常在会议上、课程上、个人分享会上及项目汇报上应用思维导图。我们可以将思维导图随时应用在自己的工作、生活和学习的过程中，让自己的思维能力随着对思维导图控制能力的提升而不断地提升。

提升点：由于作者把对思维导图的应用融合在工作中，所以呈现出来的形式我们可以称为综合性思维导图，也就是思维导图中有其他内容元素的共同呈现。这样会让大部分的信息同时呈现在一张纸上，非常高效，但是也要注意对信息优先级的考量，以及附加信息模块与思维导图部分信息相关的关联线补充，这样会让整张思维导图的信息有全局的逻辑性。

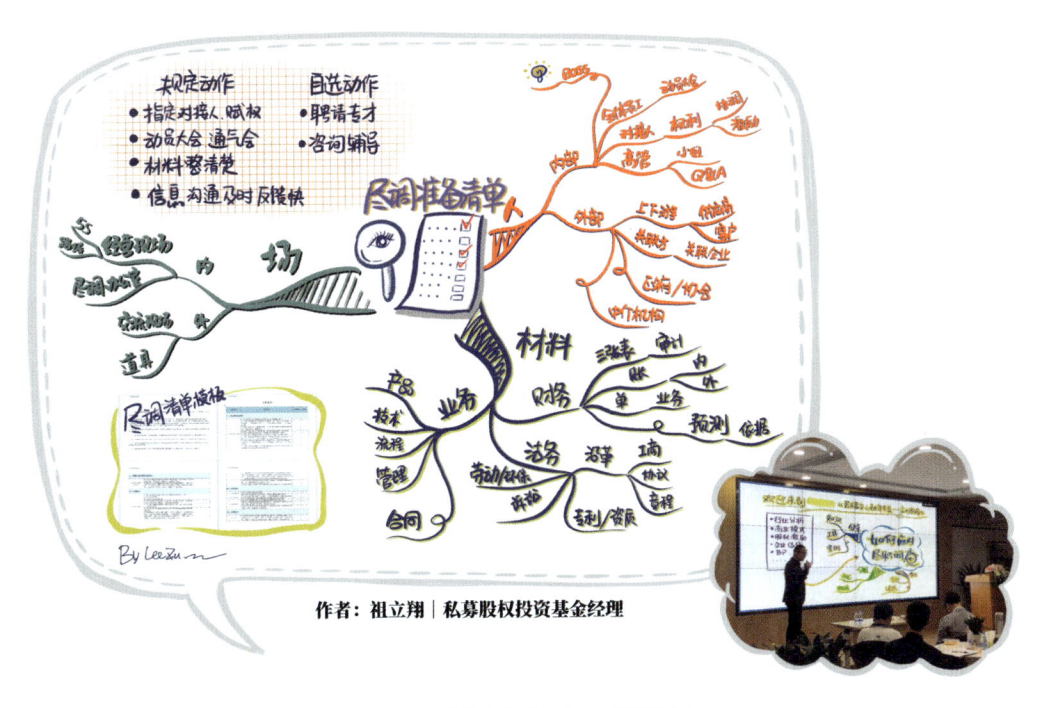

图 7-9　投资机构尽职调查思维导图

7.2.2 乡村项目规划

作品介绍

学习了思维导图之后，把它应用在项目规划中，可以帮助我们梳理项目逻辑。同时，通过 Rikki 老师上课用到的很多工具，如 5WHY、六顶思考帽等，可以深挖项目内核。如图 7-10 所示，我们在会议上分享运营类型的思维导图时，会让我们表达得更清晰，让大家可以理解得更透彻。除此之外，在项目共创会上，我也开始尝试运用思维导图，希望可以在工作中不断地实践。

Rikki 点评

作者将思维导图在工作和生活中应用得特别棒，而且真正对过程产生了推动作用，对结果产生了催化作用。图中纷繁的关联线或许稍显凌乱，但正是这些关联让所有的参会者一起看到了在整个项目中，不同小组之间的联系。明白大家并不是割裂工作，而是所有的小组通力合作，促使圆满地完成项目。

提升点：在思维导图的第二个分支"价值观"的内容中，其实更多的是在指导行为。如果将"价值观"的内容分解得更加详细，并与"行动"分支中的相关做法相关联，那么这张思维导图就将会有更大的指导意义。

第 7 章　互动型思维导图　199

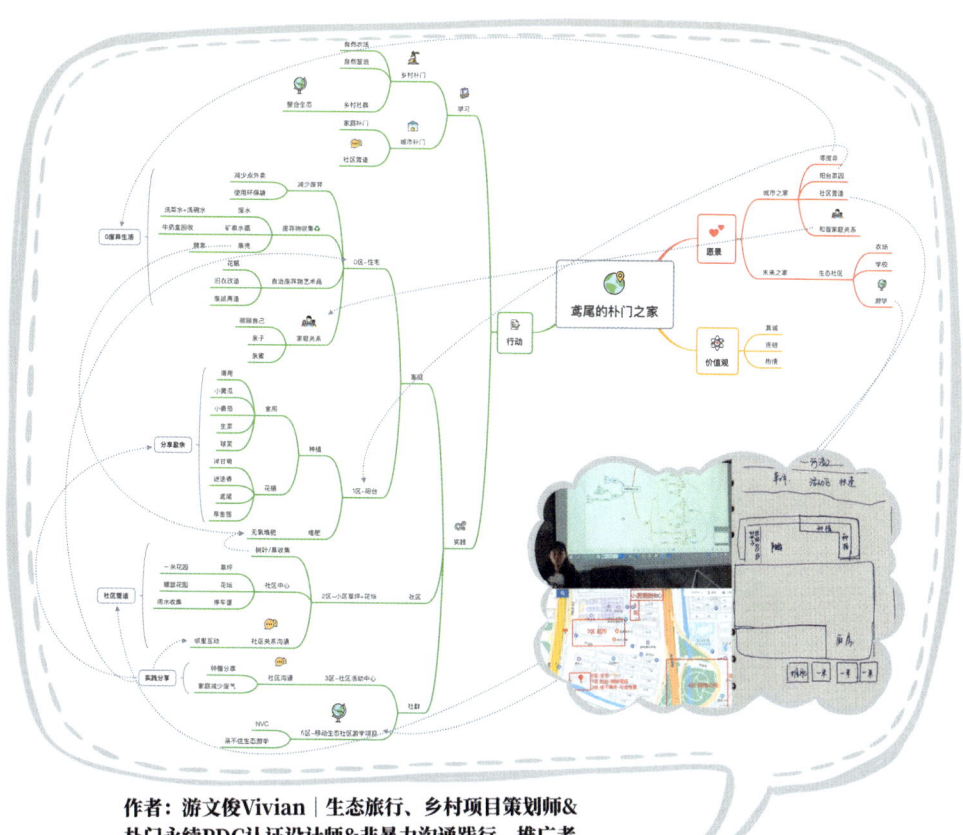

作者：游文俊Vivian｜生态旅行、乡村项目策划师&朴门永续PDC认证设计师&非暴力沟通践行、推广者

图 7-10　乡村项目规划思维导图

7.2.3 组织经验萃取推广

作品介绍

如图 7-11 所示,"优途 App 推广经验"把思维导图运用到工作场景中,用这张思维导图帮助自己更加清晰、直观地分享工作中的核心经验和心得,从而得到了同事和领导们的强烈认可。

Rikki 点评

作者不仅在个人的学习中经常应用思维导图帮助自己进行信息梳理和深度思考,而且在工作中善于应用思维导图来处理业务难点、宣传核心经验、推广优秀做法,非常值得读者朋友们学习。这张思维导图也是作者在帮助一位同事萃取优秀的工作经验时制作的,得到了大家的强烈认可并被广泛传播。

提升点:这张思维导图在内容上已经非常充实了,唯一要注意的是中心图。由于小熊猫图像和上面云朵框中的文字都是中心图的一部分,所以中心图的位置偏上了,并且中心图整体偏小,与整张纸 1/9 的尺寸还有不小的差距,因此,中心图的位置与大小需要调整。

第 7 章 互动型思维导图　201

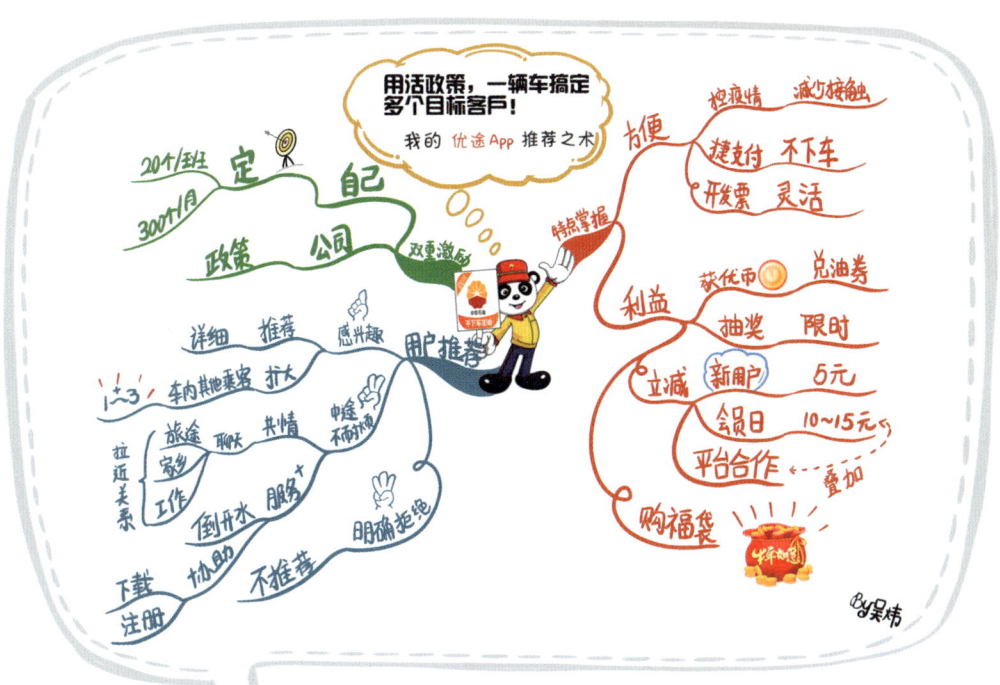

作者：吴炜｜**企业内训师 & 视觉引导实践者**

图 7-11 "优途 App 推广经验"思维导图

7.2.4 职业生涯规划咨询

作品介绍

如图 7-12 所示,这张思维导图是我给一位咨询者做职业生涯规划个案时的最后一步——行动推进方案。首先,这张思维导图用 GREEN 行动推进模型的 5 个内容方向作为思维导图的 5 个分支,并分别进行相关内容的梳理。其次,这位咨询者用这张思维导图指导自己 3 个月的行动。最后,完成了主题中说到的那本书的写作。

用思维导图不仅可以看到写作中每一步的具体细节动作,而且可以在整体上清晰明确地看到架构和方向,把握自己每一步的节奏,对于整个规划的完成不再是难事。

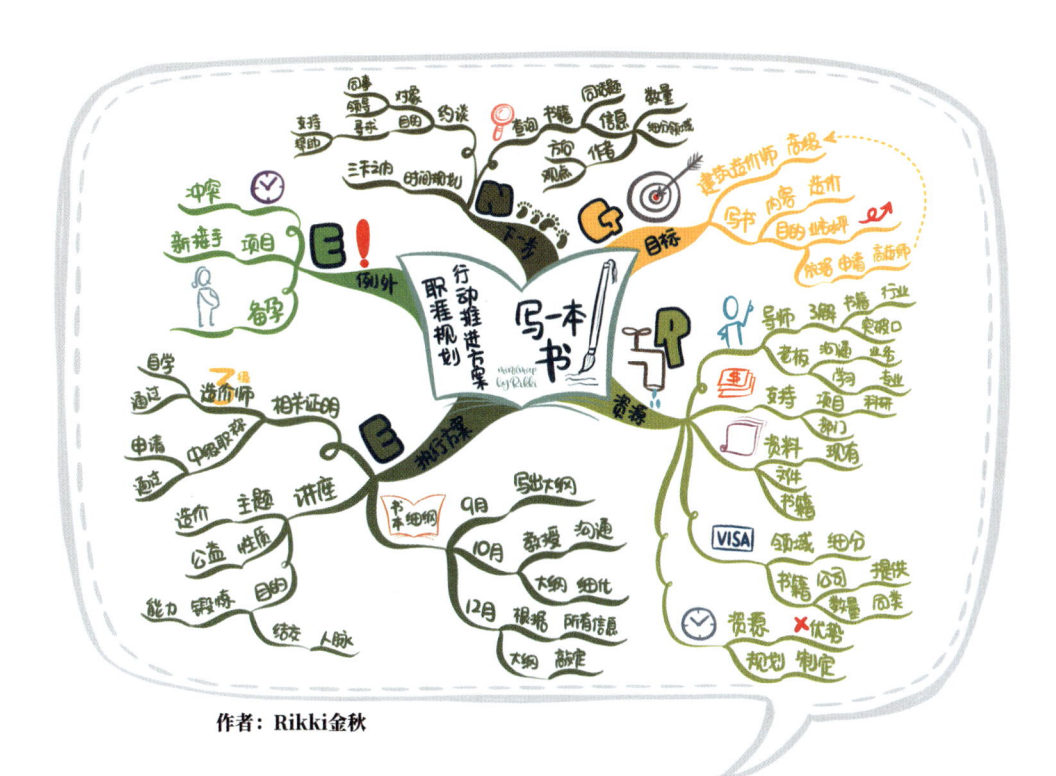

图 7-12 职业生涯规划之行动推进方案思维导图

7.3 生活应用

在生活中,沟通无处不在,与家人共度的时光更是可贵的,用心记录一些生活中家人们互动和沟通的细节,也许在将来回看之时,珍贵的回忆会带来无尽的感动。

本部分内容选用了 3 张家人之间沟通记录的思维导图及我与社群学员互动交流的思维导图。希望大家在阅读之后,可以拿起笔来,更多地记录生活中人与人互动的美好。

7.3.1 对话

作品介绍

时光如梭,转眼间,我的妈妈已经去世 1 年了。在 2021 年母亲节,我怀着复杂的心情,用思维导图回忆我最爱的妈妈,如图 7-13 所示。中心图以飞鸽传书的呈现形式向天堂传递我们的思念,洁白无瑕的百合花既蕴含着我妈妈的名字,又表达了我对伟大无私母爱的感恩。

虽然我的妈妈仅活了 60 多年,但回顾她这一生却是如此充盈,平凡而美满,是我们眼中有才的女人、贤惠的妻子、智慧的母亲。

亲爱的妈妈,感谢你给予了我生命,赋予了我勇气和智慧!往后余生,你的精神力量已经深深地植入我的基因中,并将激励着我砥砺前行!

我在人间向天堂告白——爱永恒!

Rikki 点评

看到这张思维导图，我深深地被作者字里行间和每一笔线条中包含的情感打动。想对妈妈说的话何止一篇万字长文能书写得完，但是在这张思维导图里，作者对妈妈各种身份的描绘及对妈妈思念的表达，让一个鲜活的妈妈形象跃然纸上。

妈妈也一定会收到作者的思念和祝福，爱会永恒！

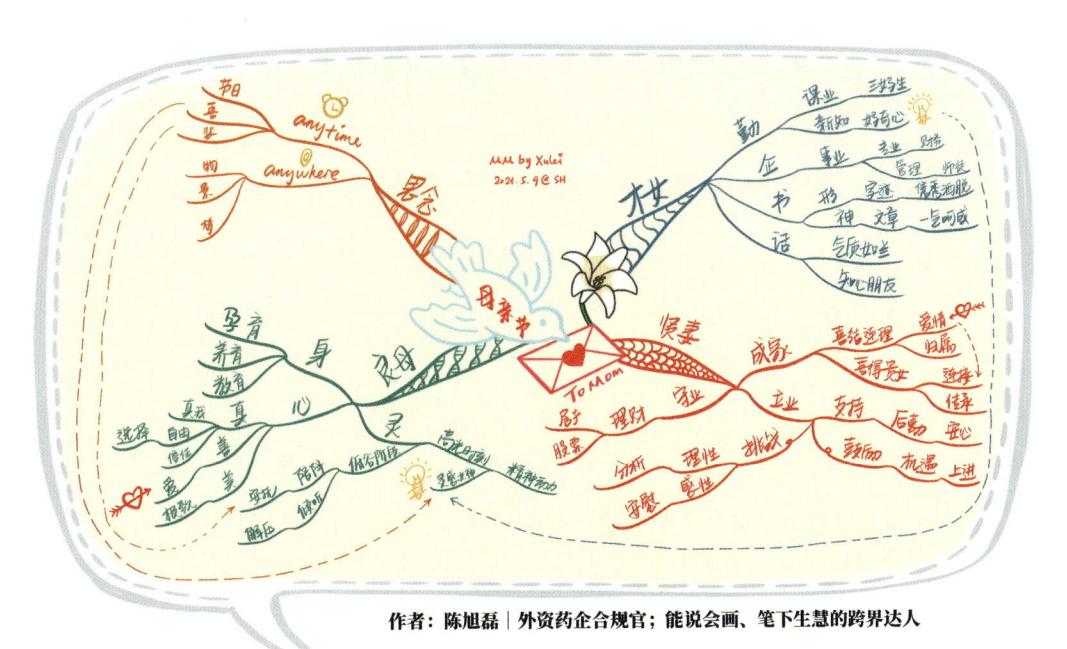

作者：陈旭磊 | 外资药企合规官；能说会画、笔下生慧的跨界达人

图 7-13 "爱永恒"思维导图

作品介绍

如图 7-14 所示，这张思维导图比较有趣，可以说是我与将近 100 位学员共同完成的作品。

2019 年的中秋节，我对学员们提了一个问题：说到中秋节，你会想到什么呢？大家纷纷说出了一些与事件、食品、心情、活动等有关的词语。在大家回答了 200 个词语的时候，我宣布活动结束，并将所有词语做成了这张思维导图。

其实这张思维导图较难的部分在于，要把这么多的词语进行分类，并且要有逻辑地呈现出来，最终我选择了"家""娱""食""假""闹"作为思维导图的五个主干分支，形成了这张思维导图。每位学员看到这张思维导图中有自己的答案时，都感到非常高兴，并作为中秋节的小礼物保存起来。你看，思维导图是不是还可以作为团队建设的小工具呢？

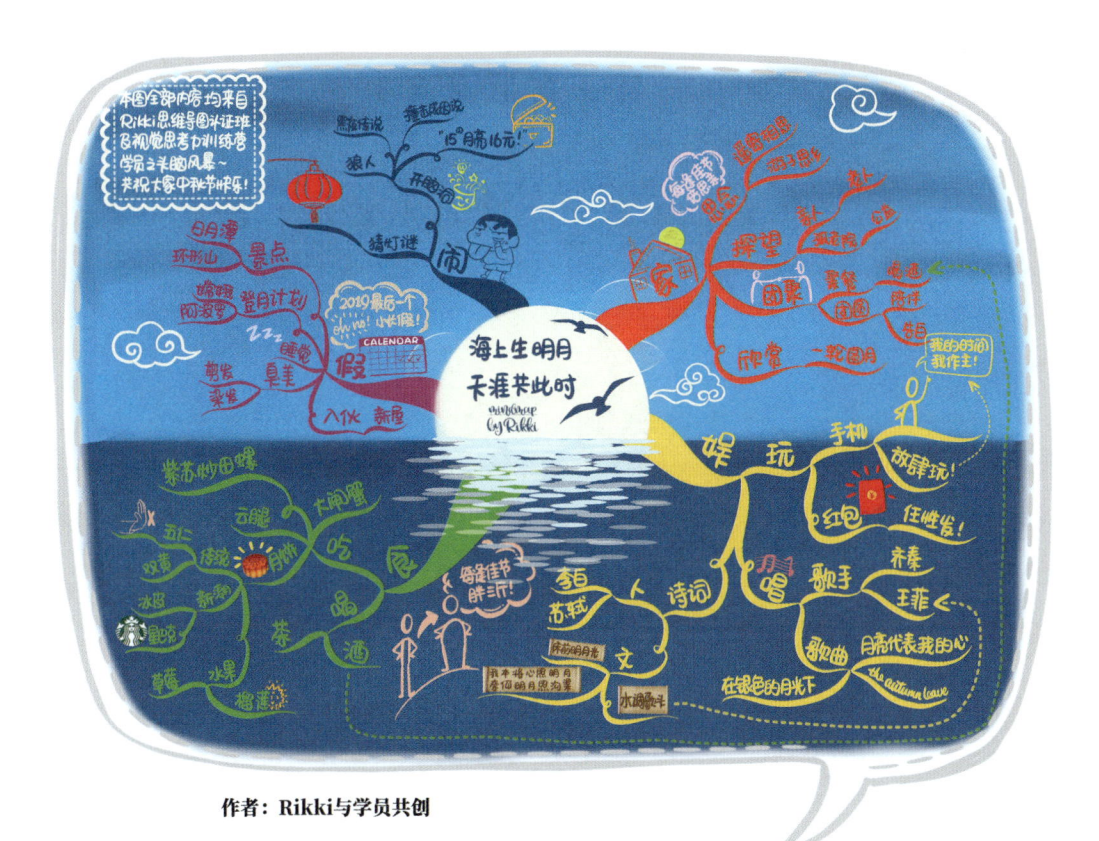

图 7-14 Rikki 与学员共创的"中秋节"思维导图

7.3.2 生日礼物

作品介绍

从 2019 年开始，在每年女儿生日时，我都会送上一份特别的生日礼物——生日思维导图，如图 7-15 所示。我用思维导图对女儿过去的一年进行了简单的回顾和总结，并对她长大一岁的这一年做出了一些小小的期待，那就是祝福她在新的一年可以更好地成长。

前两年，虽然女儿看到我送给她的生日思维导图时，她很开心，但她却不知道这些思维导图表达的是什么，从她 6 岁起，我开始让女儿一起参与制图的过程，跟我一起对她过去的一年进行梳理，展望新的一年。女儿非常有兴趣并积极地参与了这个过程，并且她对共创的结果有极大的成就感和满足感。

学习思维导图，应用导图思维，应从娃娃抓起。

第 7 章 互动型思维导图 209

作者：Rikki 金秋

图 7-15 女儿 4 岁生日礼物思维导图

第8章
创新型思维导图

在当下，创新已经成为个人和组织对思考方式和成果的追求。而思维导图恰好是可以帮助我们激发创新思维，从而实现创新成果的有效工具，所以，思维导图在创新领域中的应用经常能带给我们小启发和大惊喜。

我们通过各种应用场景一起来看看思维导图在学习、工作、生活场景中带来的创新成果。如果你手上也有亟待创新的主题，就赶快实践起来吧！

8.1 学习应用

创新要从娃娃抓起，那么娃娃的创新由谁来带领呢？除了家长，还有老师。接下来，我们一起来看两个针对"娃娃"的思维导图，这两张思维导图的作者分别是一位幼儿园的管理者和一位小学数学教师。她们充满乐趣和逻辑性的教学方式，寓教于乐，让孩子们喜欢上学习。

8.1.1 课程方案规划——幼儿园

作品介绍

利用思维导图梳理经典绘本《好饿的毛毛虫》在幼儿园小班开展的方案，脉络更清晰，思维更活跃，打开教师的思维活口，系统化地设计教学方案，如图 8-1 所示。

Rikki 点评

这张思维导图的应用对象是幼儿园小班的老师，用这张思维导图可以帮助他们在进行绘本教学的时候，从故事中理清教学思路，让小朋友在听课的时候，明白整个故事的来龙去脉，并且通过课程设计，增加幼儿学习的趣味性，不得不说是幼儿教学的一种创新方式。

提升点：由于这张思维导图内容非常丰富，建议绘制一些插图来强调和凸显重点部分，这样会让整张思维导图的层次更加分明。另外，若在分支内部或分支之间找到一些可以关联的部分，也会让故事的逻辑性更加清楚，从而让你做图的思路更加清晰。

第 8 章 创新型思维导图 213

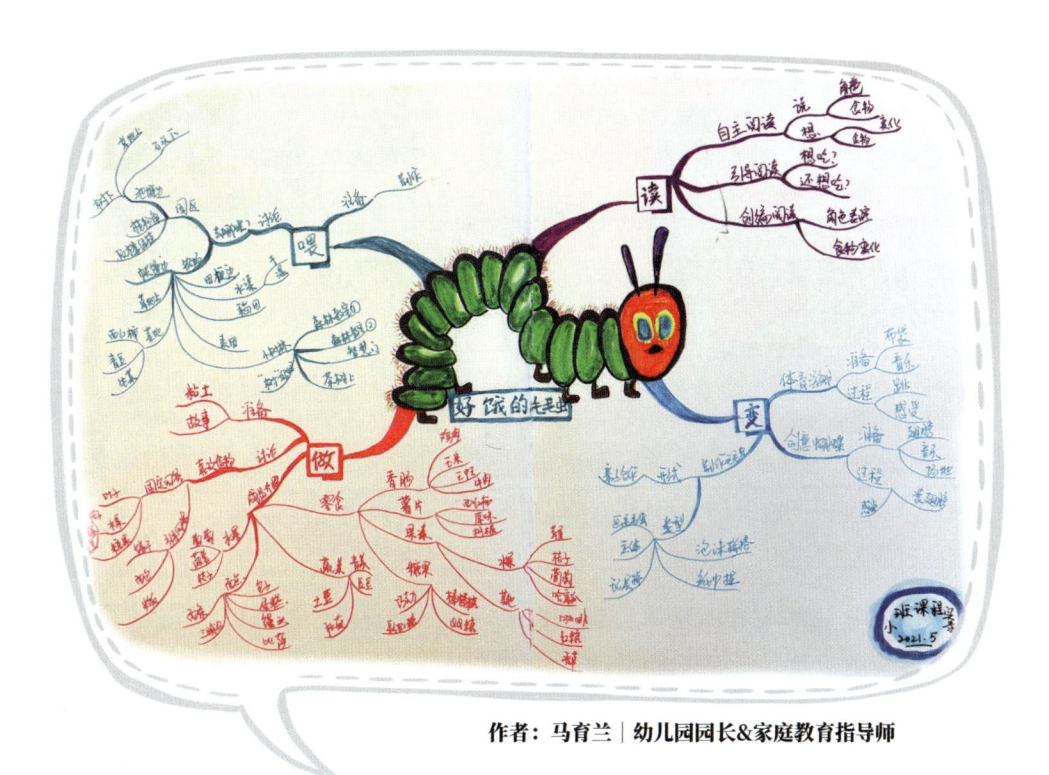

作者：马育兰｜幼儿园园长&家庭教育指导师

图 8-1 《好饿的毛毛虫》绘本教案设计思维导图

8.1.2 课程方案规划——小学

作品介绍

"除数是两位数的除法"是人教版四年级上册第六单元的内容,如图 8-2 所示,这张思维导图作品通过口算、估算、笔算、商变化规律和商不变性质五个分支呈现了单元知识内容及运算方法。

Rikki 点评

作者非常棒,把自己的很多课程都用思维导图做了创新性的设计,并且反馈很好,孩子们学得好、学得开心。整张思维导图也将课程内容的逻辑整理得很清晰,在视觉效果上非常引人关注。

提升点:这张思维导图整体看起来非常精彩,每一部分都很精彩,所以稍微有点难以分辨其重点在哪里。由于视觉化程度比较高,不一定非用画图的方式呈现,可以用颜色凸显的线条框将全部内容中比较重点的部分做标记,这样通过这张思维导图带着孩子们复习的时候,就可以先梳理知识点,再进行重点内容回顾,强化孩子们对课程内容的吸收效果。

第 8 章 创新型思维导图

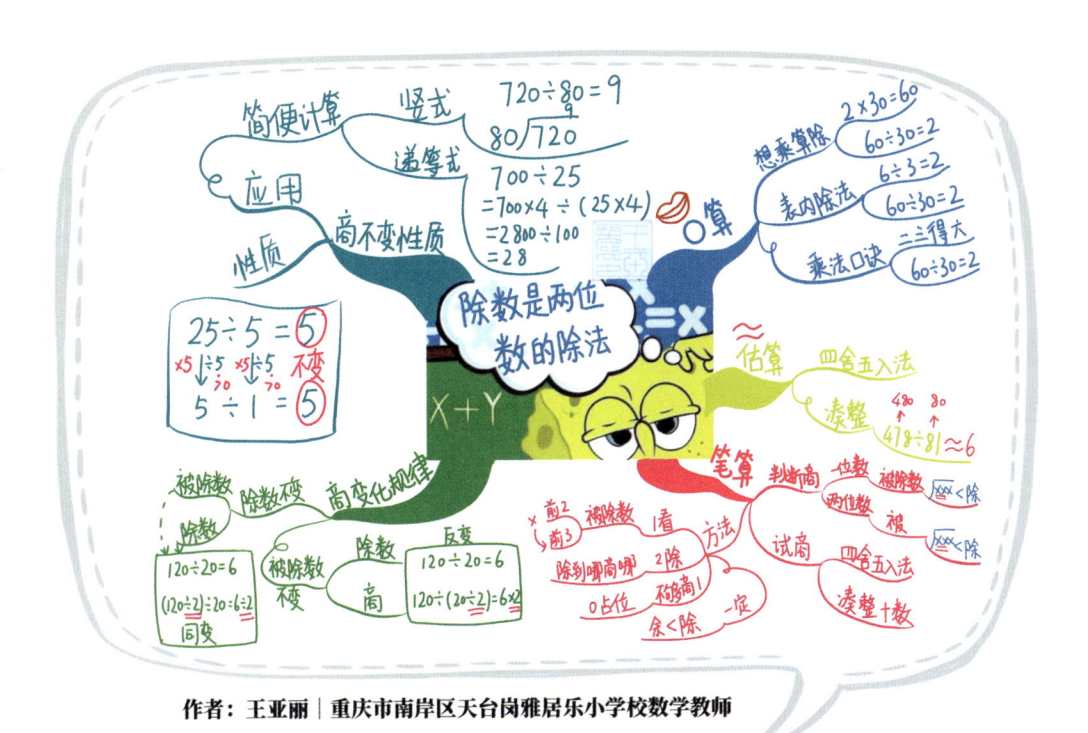

作者：王亚丽｜重庆市南岸区天台岗雅居乐小学校数学教师

图 8-2 小学数学教学实践

8.2 工作应用

以下 4 个案例来自真实的工作场景，具有创新性的成果不仅让人眼前一亮，还会让人在多年之后依然记忆深刻。如果这些案例是为了对课题和产品进行创新性的研究和规划，吸纳更多的人关注和参与，那么创新的价值将更为凸显。

8.2.1 创意演示汇报

作品介绍

2018 年年底，我作为公司的大区销售代表，做与销售相关内容的大会汇报。由于大部分销售方面的内容与数据相关，并且我做汇报的时间是大家最容易犯困的 14:30，所以，我需要用吸睛的方式，让大家的视线和思路跟上我的节奏，并专注于我的汇报内容，于是我的方案就是用一张思维导图做演示汇报，如图 8-3 所示。

整个汇报的流程是根据思维导图的分支一条条展现出来的，在我做汇报的过程中，现场的参会者都被这种展示方式所吸引，大家明明很困，却坚持听讲和拍照。我在会上提醒大家："这张包含全部内容的思维导图我会在会后发送给大家，所以大家不需要拍照了，跟上我的讲解思路就好。"

这场会议过去 3 年了，到现在仍有当时的参会者在跟我聊天的时候，说到会议时的一些细节，这足以说明用思维导图做汇报的方式，不仅足够吸睛，可以带动全场所有人情绪，还有助于大家对内容的记忆和理解。从那之后，我的所有汇报和分享都用了同样的方式，好的反馈从未停止。

第 8 章 创新型思维导图 217

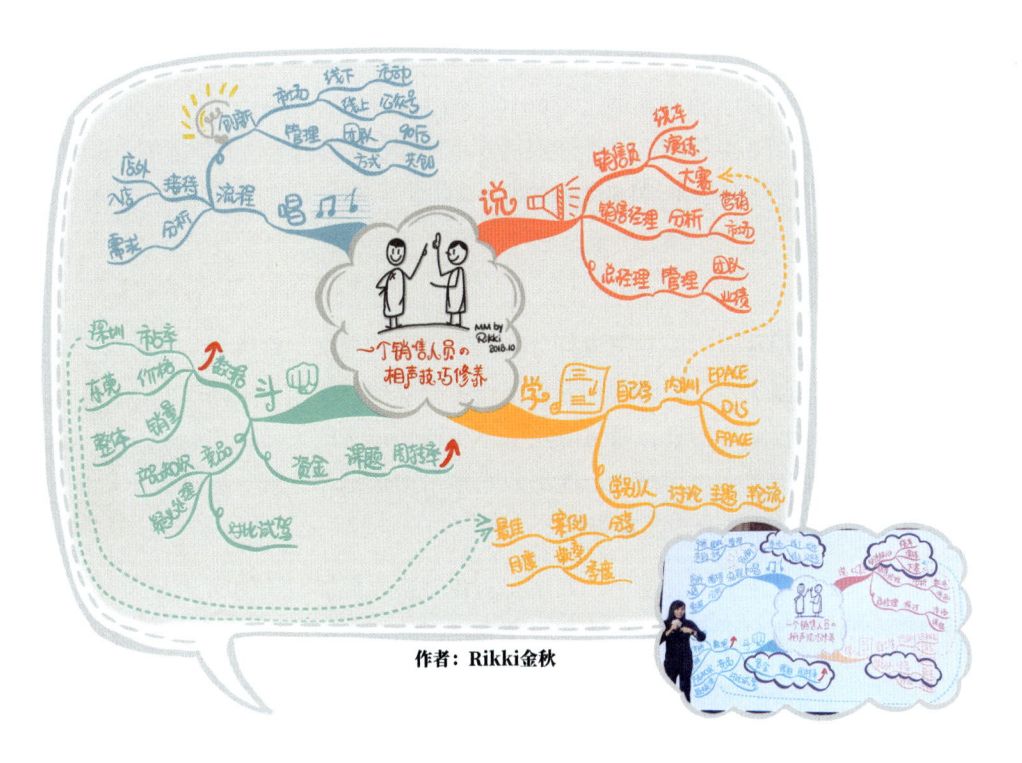

作者：Rikki金秋

图 8-3 年度销售汇报思维导图

作品介绍

以学科思维导图数学教学实践之"6616"为主题的思维导图，是一张关于讲座分享的思维导图。如图8-4所示，作者分别从6个原因、6项内容、1个案例、6个展望这四个分支，分享了学科思维导图教学实践。

Rikki 点评

相信作者在应用这张思维导图进行分享时，现场的观众一定既会被独特有趣的形式吸引，又长时间不会忘记作者分享的整体内容。因为这张思维导图不仅结构清晰，而且应用了不少增强记忆的技巧，比如，在主干分支中的数字化提炼等，能高效率地帮助记忆和理解。这是一张非常棒的教学实践分享思维导图。

提升点：在第二个主干分支中，如果将黄色替换成更加明显的颜色，那么展示效果就会更好，也会让在分享会现场的观众更清晰地看到具体的文字内容。另外，在思维导图中，"师"的三个子分支，若进行一线一词的梳理，应该能呈现更好的思维发散效果。

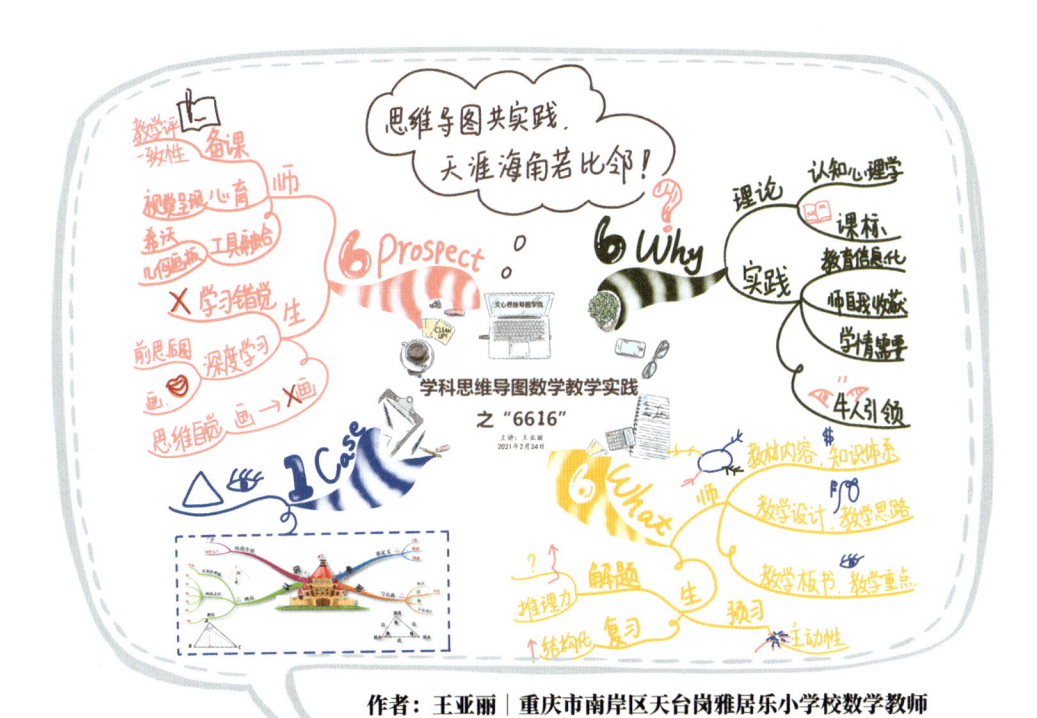

图 8-4 学科思维导图数学教学实践分享

8.2.2　高效会议共创

作品介绍

我在做汽车销售管理工作的时候，曾给区域内经销商的销售总监开过一场主题为"最佳案例分享"的会议。在会议中，我邀请每一位销售总监分享自己的 4S 店在过去 3 个月，效果较好的 3 个与销售相关的做法。在每个人分享的时候，我在旁边的图纸上进行同步的信息提取和关键内容记录，最终成就了这张分享会的思维导图，如图 8-5 所示。

做完思维导图并不是分享会结束，针对 9 位分享人的总共 27 种优秀做法，我邀请大家一同在思维导图上给自己最喜欢的 3 种做法投票，最终根据票数的多少排出前 3 名。然后，我邀请销售总监继续分享在实施以上做法时的心得，包括一些小技巧等。分享会结束后，大家带着分享的做法及分享的经验回到自己的店里实践，在半年的时间里，这个区域的销售业绩一直保持全国前 3 名的好成绩。

后来，这种最佳案例分享的做法被某地产公司学习了，他们同样采用这种做法创造了行业内区域最佳的业绩。

作者：Rikki金秋

图 8-5 汽车销售管理最佳案例分享会思维导图

8.2.3 创新课题研究

作品介绍

在学校的课题成果发布会上，我利用思维导图的方式汇报了课题成果《关于小学高段数学作业现状调查及对策研究》，如图8-6所示。由于其形式新颖、思路清晰、结构明朗，我汇报的课题成果荣获了课题成果发布会的特等奖。

Rikki 点评

作者在不断地练习做思维导图过程中所需要的优秀的逻辑思维框架能力，并以这份获奖的研究报告给了一个特别好的认可和反馈。对于课题成果的主题，作者从"背景意义"、"调查访谈"、"问题原因"及"对策实践"4个方面做出了分析说明并给出了实践的对策。这张思维导图把要呈现的内容从背景到问题再到解决方案，条理分明、逻辑严谨地呈现了出来。读者们可以学习应用以这样的方式给自己的文章做内容的架构和展开，从此你就再也不会发愁落笔无物了。

提升点：因为背景图的衬托，这张思维导图的中心主题不够明显，看起来有点费力，如果把主题文字写得大一些，就更加完美了。

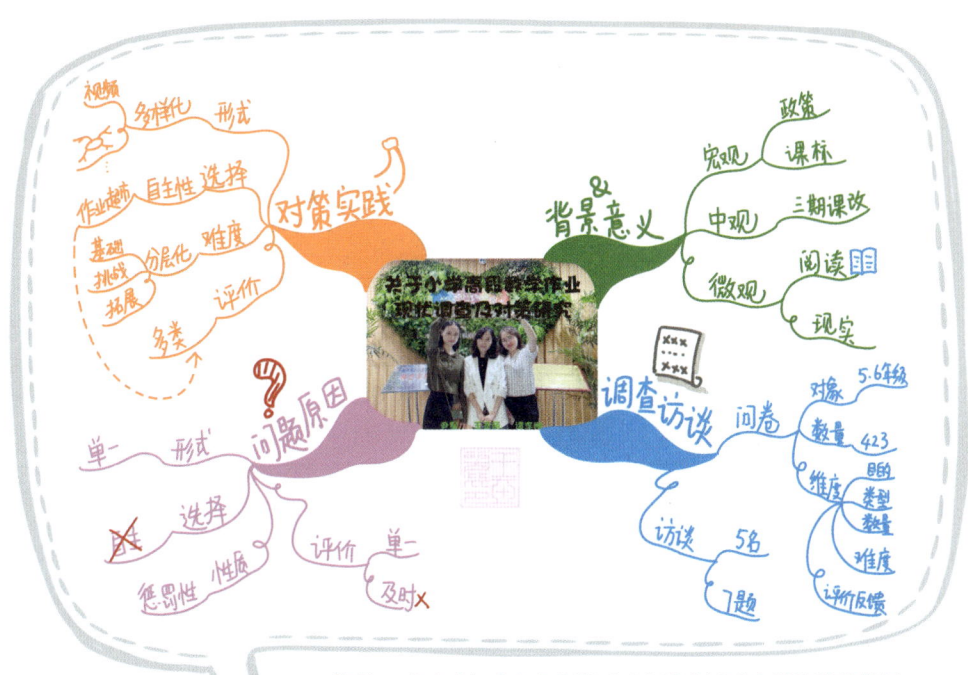

图 8-6 《关于小学高段数学作业现状调查及对策研究》课题成果汇报思维导图

8.2.4 创意标语共创

作品介绍

2020年11月，我们团队参加了全国生殖年会上的品牌展览，在设计展台时，需要结合我们的业务优势出两款宣传文案。当时确定了两个主题方向，一个是生殖大数据方向，一个是生殖疾病检测服务方向。当时我正在学习Rikki老师的思维导图课程，就向大家提议以"创意slogan"的方法来进行头脑风暴。"钥匙"是我们团队其中一张海报设计的主元素，它用来宣传生殖疾病检测项目，所以我们就以"钥匙"作为起始关键词开始了"创意slogan"思维导图创作的发散，最终成功创作了两个口号并把它们用于两套展示物料上，大家感到特别惊喜，如图8-7及图8-8所示。

Rikki点评

"创意slogan"工具是在我跟思维导图老师孙易新博士学习时，掌握的一种思维导图创新实现方式。用这种方式，我们不仅能看到在一线一词的激发下，思维是怎样的活跃，同时在这个前提下，我们还能看到创意思维的发散，所以，作者和她的同事就是在这样一个工具的激发中创造了两条"创意slogan"，效果特别棒！

提升点：这种方式需要大量的词语作为基础，所以大家在继续尝试使用这个方式的时候，可以再多分出几个主干分支，让思维在不同的方向"无限"地发散下去，从而带来更多、更妙不可言的创作灵感！

图 8-7　用"创意 slogan"的方式共创位展会宣传文案思维导图

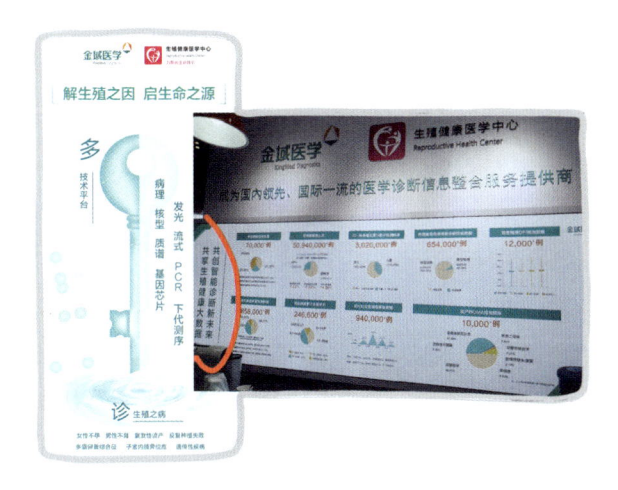

图 8-8　展会现场展示的文案成果

8.3 生活应用

在生活中，只要你用心，就没有什么是不能创新的！这是我通过下面几位思维导图认证班学员做思维导图时的感悟。作为思维导图老师的我，也常常感叹，高手在民间，生活中的任何主题都可以用思维导图进行分析和呈现，大家的创新想法可真有趣！我们一起来看看吧。

8.3.1 规划生日会

作品介绍

如图 8-9 所示，这张思维导图是我给我的女儿"小鱼儿"做的一张生日 Party Day 规划思维导图，图中主要从时间、地点、物料、期待 4 个方面展开说明。我期待用这样一种图文并茂的方式与女儿度过一个美好的生日会！

Rikki 点评

首先这张思维导图立意特别好，作者在给她的女儿策划这场生日会的时候，画图、写字的过程都是极其开心而享受的。这张思维导图的逻辑结构非常合理，关键词的选取非常精准，分支的冷色、暖色间隔排列，搭配得很合理，总体来说，是很棒的一张思维导图。

提升点：这张思维导图的中心图可以再大一些，其主题可以写在生日帽的中间，因为主题在生日帽的下方会不够明显，并且容易跟第二分支和第三分支挤在一起。另外，如果作者用这样的主题带上女儿一起创作的话，小孩子的想法也许就会给这张思维导图及整个生日会的设计带来创新，大家可以试试。

第 8 章 创新型思维导图 227

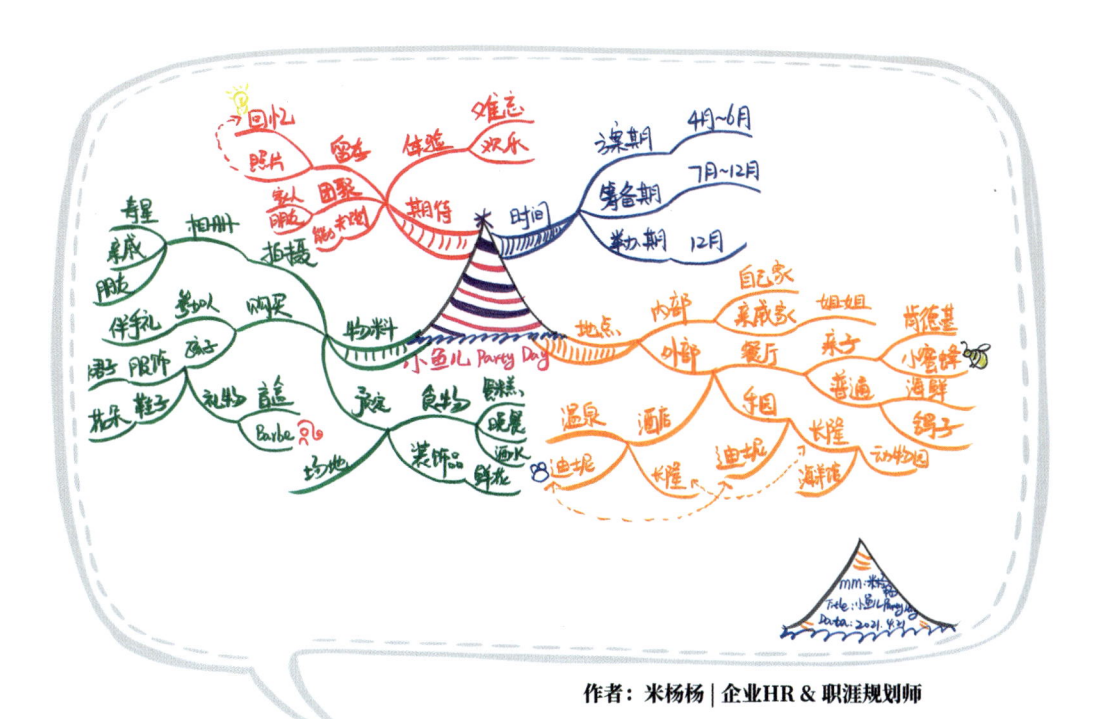

作者：米杨杨 | 企业HR & 职涯规划师

图 8-9 生日 Party Day 规划思维导图

8.3.2 创意影评

作品介绍

《哪吒》是我超级喜爱看的电影,应该怎么记录自己从电影中获得的感悟和感动呢?一图胜千言!如图 8-10 所示。

Rikki 点评

这是我很喜欢的一张思维导图,只看中心图,就能带来无尽的欢乐,非常期待大家继续把内容看下去。这张思维导图首先介绍了魔丸是谁,其次从 3 个不同身份角度进一步说明,最后以 AHA 梳理了自己的观影心得。作者在关键词及层级的把握上做得非常棒,这是一张很成功、能吸睛的思维导图。

提升点:这是一张记录动画电影的思维导图,当前的文字内容比较简略,如果在内容的部分加入一些相关的卡通图像,以及用关联线探究一下不同分支、不同身份之间的关联,就更完美了。

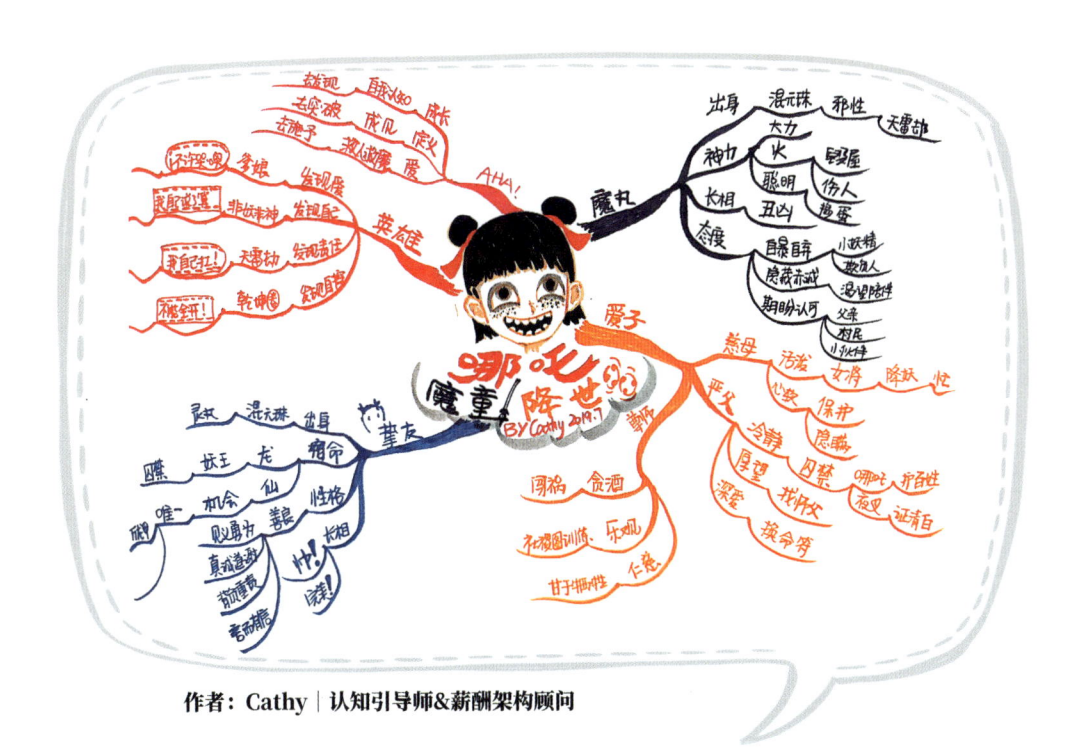

图 8-10 电影《哪吒》观后影评思维导图

8.3.3 创意厨娘

作品介绍

你想做阿胶糕吗？看着如图 8-11 所示的思维导图，做阿胶糕的五大步骤直观明了，备、泡、熬、搅、铺一站式学会！如果你想养生，除了找医生、养生达人，还可以找"阿胶糕诞生记"思维导图！

Rikki 点评

作者的创意特别好，用思维导图呈现菜谱，做菜的流程清晰可见，只是看这张图，我都有点蠢蠢欲动、想亲手试试了。

提升点：菜谱的呈现特别适合搭配插图，所以如果在每个步骤的主干分支上或分支内的关键内容中插入图片，让自己动手尝试的读者在进行每一个步骤之后，跟作者给出的图片做对比，这样就更棒了。

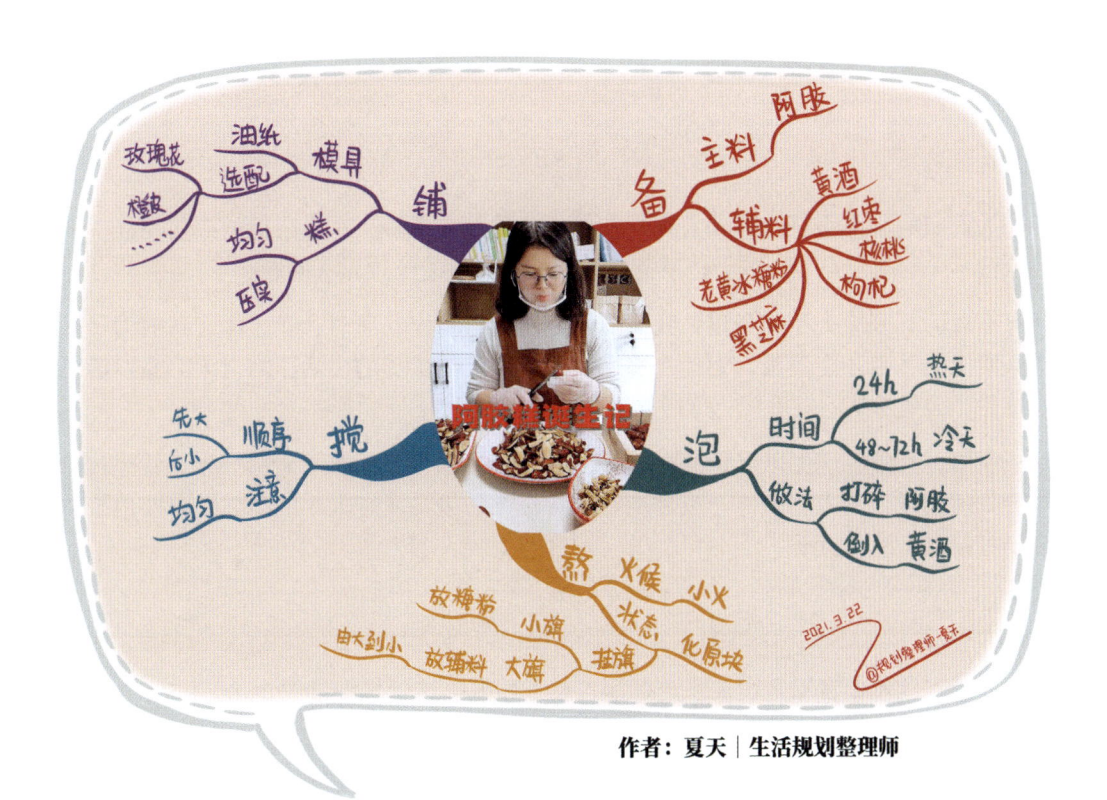

图 8-11 "阿胶糕诞生记"思维导图

8.3.4 增进亲密关系

作品介绍

人们有时候很奇怪，对外人礼貌友好、各种包容理解，对最亲近的人往往任性无礼或漠不关心。只有经历过一些事情，才能站在对方的位置思考问题。

有段时间我丈夫不在身边，我需要替他做所有工作，那时，我才体会到他为什么每天晚上七八点才能下班，为什么那么疲惫，以及他承受的生活压力之大。我以前总是抱怨，而他却从不发脾气，这需要多大的心胸和爱。

所以，我做了这张思维导图，如图 8-12 所示，看看自己，看看另一半。希望自己学会如何去爱一个人，和他一起进步，拉着对方的手慢慢走人生的路。大家要用心体会亲密关系，活在当下。

Rikki 点评

我特别欣赏作者对亲密关系进行深入思考后做的这张思维导图，在生活中，我们的很多思考都是当下的灵光一闪或有感而发，而"感觉"这个东西看不见、摸不着，一下就消失了，而且非常容易被忘记。所以，能用思维导图记录"感觉"，是一件特别棒的事情，常看常新，并随时提醒自己，相信这样做对自己的亲密关系会有持续的滋养作用。

提升点：我觉得这张思维导图非常好，在这里我提出一些后续跟进的建议。我在本书的最后一章讲到关于"做一份给未来的思维导图"，这张图就特别符合对这个理念的实践。因为增进和保持亲密关系不是一蹴而就的，而是长期甚至下半辈子需要思考的问题。如果这张思维导图的最后一个分支能对自己的未来一段时间有一个行动规划，那么你定期回顾的时候，记录一下自己的所做、所感，为亲密关系持续赋能，相信这样能起到一个很好的助力作用。

第 8 章 创新型思维导图 233

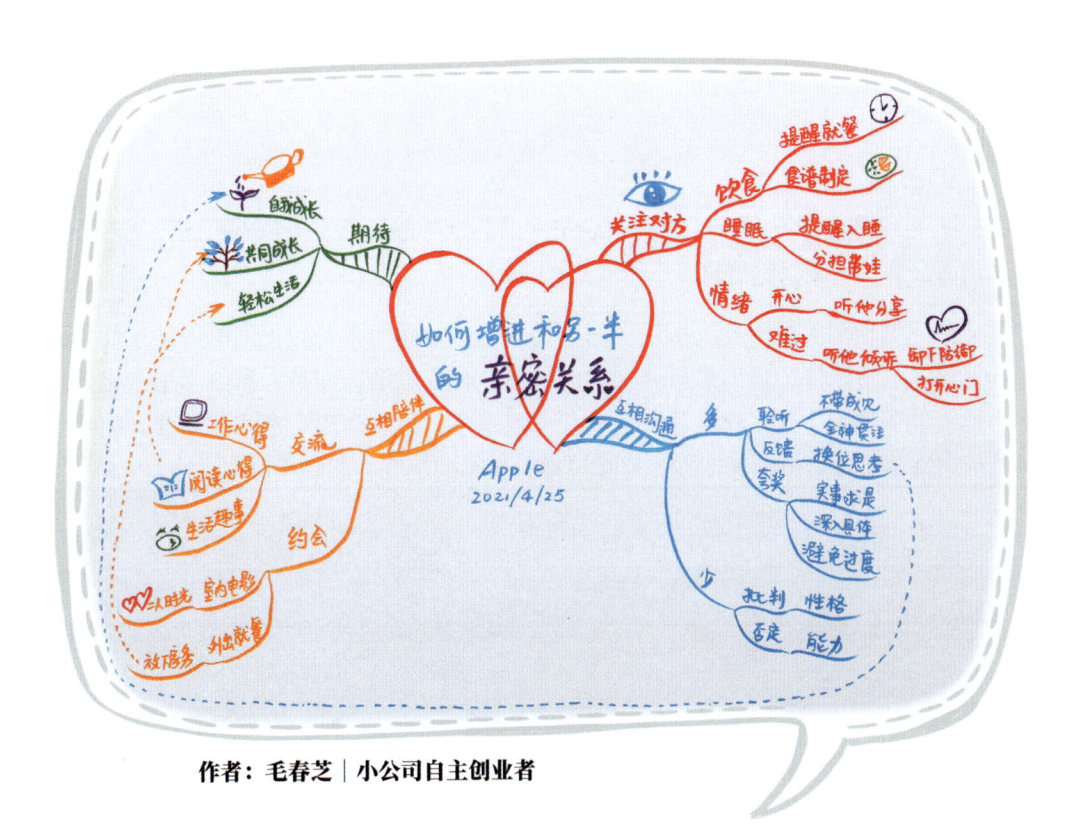

作者：毛春芝 | 小公司自主创业者

图 8-12 "如何增进和另一半的亲密关系"思维导图

8.3.5 相亲不尬聊

作品介绍

如图 8-13 所示,这是一张关于相亲主题的思维导图,几乎每位看到这张思维导图的朋友都会会心一笑,觉得这是一个有趣的内容。

这张思维导图的主干分支采用了时间的逻辑,从两个人开始见面的时候说起,到中间互相沟通的试探,再到最后分别时的选择。一张思维导图基本涵盖了相亲见面过程中的主要关注点,这张思维导图也向我们展示了,只要你用心观察和体会,生活中的任何事情都可以用思维导图来梳理和呈现,读者们跟我一起动手画起来吧!

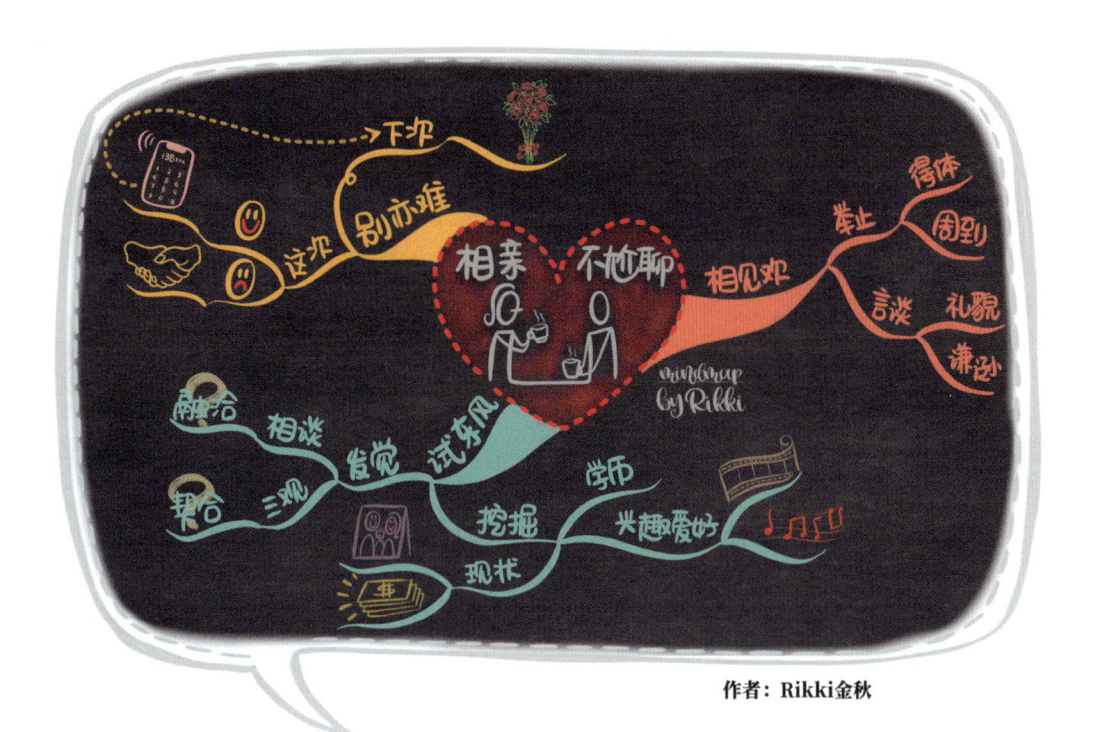

图 8-13 "相亲不尬聊"思维导图

思维部分

从思维导图到导图思维

在本书前3个部分中,我们首先认识了思维导图,然后从思维导图的绘制技法到底层心法,从工具学习到实战应用,最后来到了这里的思维部分,我们将一起从工具的应用升华到思维方式的形成,这种思维方式就叫作**导图思维**。

本部分内容将向大家介绍什么是导图思维,以及导图思维在提升个人学习力和强化职场竞争力的两个方面是如何应用的。这是我在多年的思维导图应用经验积累中,除了技法优化,更重要的心法强化心得总结。

最后一章是本书的一个特色部分:做一份给未来的思维导图。它会让我们看到思维导图不仅是一份静态文件,而且是一种可以引领着我们的思维、引导着我们的行动不断发展的工具,所以我们的思维方式起着很关键的作用,也就是上面说的导图思维。另外,在这一章结束之前,我把看家本领之一毫无保留地分享出来:电子版手绘思维导图。相信这样的绘制及应用方式,会引领着未来的思维导图潮流,成为未来最主要的思维导图呈现形式之一。

希望思维部分能给思维导图爱好者们开启一个新的思路,给思维导图应用者开拓一个新的方向。

第9章
导图思维：交响系统思维模式

在这一章中，我将向大家介绍什么是导图思维及如何运用导图思维来思考问题。其中包括我比较擅长和独有的内容：结合了思维导图及视觉引导的"视觉引导式思维导图"。

我将思维导图描述成一种"交响系统的思维模式"，这是为什么呢？我们一起来进入本章内容的学习吧。

9.1 导图思维的"三个力"

9.1.1 设计力——形

思维导图的"形"，包括形式、色彩、插图等视觉层面的内容，我把它们称为导图思维的第一个"力"，即设计力。可以设想如果你是一位设计师，从一张思维导图的外形上如何做到视觉层面元素的呈现，并同时实现全景思维和全脑思维的融合，这便是我们在设计力上需要考虑的问题。

1. 全景思维

我特别喜欢和推荐大家使用思维导图的原因之一就是，不管多少内容，我们都可以将它在一张纸上展示出来，若有区别也无非是细节程度的差异而已。但是无论如何，我们都是能看到事物的整体框架的，这就让我们"先见森林再见树木"，让我们把握事情的整体架构和脉络，看清全局，把握事物的发展方向。有心的读者朋友会发现，在本书的内容中，我已经多次提及"全局观"这个思维导图的特点，所以，思维导图帮助我们形成的导图思维就是这样一种让我们有全景思维，一眼看全局的思维。

2. 全脑思维

如果说左脑被称为逻辑抽象脑，右脑被称为艺术想象脑的话（当然，这种左、右脑各自工作的理论已被推翻，现已证明所有的大脑活动都是全脑协作），思维导图就是可以更有效地推动全脑协作的一种工具。色彩选取、图像绘制及关键词的筛选、提取和逻辑结构的搭建，将充分推动全脑协作的效率提升和结果优化。所以，导图思维帮助我们应用全脑思维，让我们的大脑越发灵活并高效产出。

9.1.2 交响力——神

如果说视觉上的感受带来了"形"，那么逻辑性的内容就造就了"神"，所谓的"神"是指事物背后的道理和底层的逻辑。

在丹尼尔·平克写的《全新思维》这本书中，他提到了决胜未来的六大能力，其中的一种能力叫作交响力，即发现系统与整合之美。

> "我把这一个概念能力称为交响力,这是把独立的要素组合在一起的能力。它是一种综合能力,而不是分析能力;是发现看似无关的领域之间的联系的能力;是识别大模式,而不是解答某个具体问题的能力;是把别人都认为无法匹配的因素组合起来,得出某种新观点的能力。交响力也是大脑右半球在文字比喻意义方面所体现的一个特征。在前文我已阐明:利用功能磁共振成像技术所进行的神经学研究表明,右脑的运作是同步的、交响式的,而且需要情境的参与。它所关注的不是某棵树而是整片森林,不是哪个巴松管演奏者或首席小提琴手,而是整个乐团。"
>
> ——丹尼尔·平克

这个概念与思维导图倡导的原则之一殊途同归,"先见森林再见树木"。

在第二个"力"中,我用交响力来描述"神"的部分。我们可以用丹尼尔·平克给出的情境一起来设想一个交响乐团的每个乐手都在操作着自己的乐器,他们每个人都是自己所持乐器的专家,都能非常精彩和完美地用手持的乐器演奏出悠扬的曲目。但在一个交响乐团中,大家要做的并非凸显自己的优秀,而是要在指挥家的指挥统筹下、大家的共同努力配合下,实现演奏一首琴瑟和鸣的交响乐曲的目标。

这才是交响力,这才是系统思维。

系统思维包含3个部分:目标、要素及连接。目标确认最终的目的地及方向;要素显示每一个具体的行为、想法、信息等;连接则将要素与要素、要素与目标关联在一起。当然,还可以用现有的内容通过头脑风暴等方式,连接新的内容加入这个系统。

其实做一张思维导图也是在严格地践行着系统思维,**我们不妨尝试对自己做的思维导图进行下面3个"灵魂拷问"。**

- 你做这张思维导图的目的和主题是什么？（目标）

- 思维导图的分支和关键词选取的原则是什么？（要素）

- 在思维导图中，同位阶、上下位阶之间的关键词有着怎样的逻辑关系？思维导图中的关联线又是如何打通整张思维导图中的底层逻辑和内在关联的？（连接）

完成上面这3个思维导图的"灵魂拷问"之后，你会发现你做的思维导图不仅是一张有文字、图像、色彩的"美图"，还充满着思维的灵魂。目标、要素、连接的满足也让这张思维导图成为系统，满足系统之美。不然，图中的一堆信息就像路上的一堆散沙，随机散落。正如我在前文提到的一个比喻——你做的思维导图拎起来是一个胳膊是胳膊，腿是腿的提线木偶，还是一张有着内在关联的信息网？这就是导图思维背后的系统思维带来的强大的整合力量。

我在这种思维方式的练习和实践上受益匪浅。每当确认了主题准备研究时，我的脑子里第一时间就出现了一个中心图和即将打开的主干分支——我可以从哪几方面来对中心图进行阐述说明？这种导图思维带给我很强的思考系统性，即使最终的呈现不是思维导图的形式，**思维导图也在扮演着那个交响乐团的指挥家角色，帮我时刻把控全局。**

9.1.3　思考力——聪明思考秘籍

最后是导图思维的第三个"力"，即思考力。关于思考力的说明，我用导图思维的思考模式列出了这部分的内容，也就是我想跟大家介绍的"聪明（SMART）思考秘籍"，它包括结构（Structure）、心态（Mindset）、汲取（Absorption）、关联（Relevance），以及思维转换（Transition）。

1. 结构

思维导图是一种非常关注结构的工具，从其中心图到主干分支、从主干分支到具体内容的展开，包括水平思考及垂直思考，都在助力一张思维导图通过逻辑性的结构展开，实现最佳的目标探索。

2. 心态

请大家保持一种开放及接受的心态看待思维导图，在逐渐练习的过程中，找到感觉。不要担心不会画画，只要你会写字就会做思维导图；不用分析什么情况下适合用思维导图，只要你在思考，就可以用这种思考工具进行助力；不要管画的图好不好看、线条美不美，让我们从完美主义走向尽情享受这种工具带来的思维发散的美好之路。

3. 汲取

思维导图的形式注定了它可以包括各种各样信息的纳入（只要纸张足够大）。所以我们在练习做思维导图的过程中，要带着本书第 2 章所讲到的"系统网络意识"，有意识地汲取更多的相关信息，通过思维导图的逻辑结构，将一张思维导图的内容不断延展、将不同思维导图的内容进行融合，最终实现全局性、系统性的内容整合。

4. 关联

在思维导图中，关联无所不在，每一个分支内及分支之间的关联线、不同的思维导图之间的关联，都是我们这里所说的关联的表现形式。关联存在的每一点，就是导图思维体现出来的每一刻。所以，随时保持关联的意识，不但能让思维导图的逻辑更加清晰并且缜密，而且会随时锻炼并优化我们的导图思维。

5. 思维转换

不知道读者们是否感觉到，在我们应用思维导图的过程中，体现着很多细节上的转换。比如，从我们习惯用的竖版笔记纸转换为用横向白纸绘制；从我们常用的黑色、蓝色的书写笔转换为用彩笔绘制；从平面的书写转换到立体视觉化的呈现；从线性思维转换为发散性思维；从静止不变转换为可持续发展（参见第12章）等。这些转换不仅体现在我们做思维导图的过程中，还在帮助我们建立导图思维，即有设计力、有交响力、有思考力的思维。

我们可以把思维导图当作一种工具和方法，但最终各种工具和方法都是在帮助我们形成一种思维，就是导图思维，也就是时刻充满设计力、交响力和思考力的思维。这样的思维可以让我们的思考更有逻辑性和创造力，最终成就我们更好的未来！

9.2 用导图思维思考问题

用导图思维帮助我们思考问题，可以让我们在思考的过程中，达到事半功倍的效果。用这种思维方式思考问题，需要按照做思维导图的步骤思考。首先，主题需要十分明确，即形成思维导图的中心图。然后，考虑应该从哪几个方向、哪几个路径、哪几个步骤来分析这个主题，也就是形成思维导图的主干分支。最后，是对主干分支进行经过水平思考和垂直思考之后的充分延展。**整个思维的过程在被导图思维引导，是实践导图思维的过程。**

我们以设计思维为例来感受一下用导图思维指导我们思考问题的过程。首先，我们将设计思维这个主题，形成一张思维导图的中心图，如图9-1所示。

图 9-1　设计思维思维导图的中心图

其次，我们应该从哪几个方向和哪几个步骤来思考设计思维这个主题呢？设计思维是一种非常成熟的创新工具，其包含 5 个步骤，分别是同理观察、定义问题、头脑风暴、制造原型和测试验证。所以，这张思维导图的五大主干分支已成型，如图 9-2 所示。

图 9-2　设计思维思维导图的中心图及主干分支

最后，就是这张思维导图延展开的细节部分了，如图 9-3 所示。我们要去考虑每一个步骤之后，需要进行怎样的思考和操作去深化内容呢？

第一步，同理观察。需要做到观察、了解、学习和提问来让我们更好地理解用户的真实感受，从而实现真正的同理观察。

第二步，定义问题。这是非常重要的确定研究主题和方向的一个步骤，在这个步骤中，我们要清楚地了解与主题相关的适用群体。

第三步，头脑风暴。就是我们讲的发散思维。在这个步骤中，我们要尽情地发散思维，优先考虑信息量，收集的信息越多越好，为了下一步能够有效地分类和产出信息做足准备。

第四步，制造原型。在这个步骤中，我们要开始对于头脑风暴中产生的海量信息进行收敛。在收敛至形成分类之后，进行二次发散，让内容再次发散开，从而实现不断向外延展的信息框架。通过确定的方向和延展的内容，实现主题原型的呈现。

最后一步，测试验证。在这个步骤中，需要关联到相关的人和事物去做测试，也需要随时对于产出的信息根据主题进行匹配。同时还要继续结合一些新的想法和创意，使主题原型更加优化，然后将主题原型投入实践中，从实践中得到反馈。接下来，继续循环整个步骤，将与主题相关的内容再度升级。

图 9-3　设计思维全流程思维导图

当然，这是一张相对简单的思维导图，信息仅打开至第二层级。作为一种思维方式，导图思维非常建议我们用思维导图这个工具，将思维打开，不断地把我们的思维延展开，以得到更多的信息，最终形成一张交错繁杂的信息网。从而让内容不断升级，实现深度和广度的共存，同时也实现亮点和创新点的融合。

我的实例分享

我深受导图思维这种思维方式的影响。在我思考任何问题的时候，我都会用这种思维方式作为行动指导，甚至它已经成为我潜意识中的一种思维模式。当一个问题出现时，在我的脑海中，首先，会将这个问题呈现在一张虚拟的中心图上，其次，就开始进行发散性思考，这张思维导图的分支向四面八方肆意延展，而不是线性思维在脑海中所呈现的从上至下地罗列信息。所以，我思考的内容会有很明显的开阔性，也会让别人觉得我时刻创意满满。

我们在应用导图思维时，也许最终内容的呈现形式并不是一张思维导图，但却是导图思维指导下的有框架、有逻辑的内容布局。这时所谓的信息呈现形式已不那么重要，因为指导信息呈现形式的思维模式才是最重要的部分。

实例分享之一：导图思维指导下的训练营体系框架设计

我已经习惯了用这种思维方式进行思考：首先，有主题；其次，有框架；最后，为"骨架填满血肉"。如图 9-4 所示是我利用导图思维，做出的视觉笔记训练营的内容框架图。因为训练营内容是视觉笔记，所以我并没有用思维导图的形式绘制出来，但底层的思考逻辑仍是导图思维逻辑。

图 9-4 视觉笔记训练营课程大纲思维导图

实例分享之二：Rikki 从企业高级白领到自由职业者的 SMART 转型之路

如图 9-5 所示是来自我个人的实际案例，把它分享给读者朋友们参考。与图 9-4 一样，这张图也不是思维导图的呈现形式，而是在导图思维的思维方式指导下产出的内容。我们可以通过这个案例再次了解一下，导图思维是如何指导我们的行为的，即使我们不用思维导图的呈现形式，也要掌握这种思维方式去思考问题。

这个主题并不是确定的，而是我在接到一个邀请的时候，只有一个主题范围，即如何在这么短的时间内，由一位普通上班族成功转型自由职业者。我在导图思维的指导下，经过确定主题、搭建框架、水平思考和垂直思考的综合思考，最终确定了"从普通上班族到自由职业者的 SMART 聪明转型之路"的主题。下面向大家展示我对这个主题进行思考及其成型的步骤。

图 9-5　在导图思维指导下，完成的分享内容框架

可以看到上面的图 9-5 并不是一张思维导图，而是一张相对普通的 5 个模块排列图，在其背后"隐藏"着导图思维。首先，我将"从普通上班族到自由职业者的 SMART 聪明转型之路"的主题，作为一张存于我大脑中"虚拟思维导图"的中心图（当然也可以在草稿纸上画出来）。接下来，我进行了头脑风暴式的思维发散，找到了非常多的想要跟大家分享的细节。最后，我对这些细节进行了分类，形成了思维导图的几个发散的主干分支。

当几大主干分支出来以后，我将这几大分支之上的关键词用英文来展现并取首字母整理之后，就得到了 SMART 这个单词，也就是我对这个主题的思考框架。这个思考框架与第 9.1 节"聪明思考秘籍"中用的 SMART 模型相同，虽然这 5 个字母与之前全部相同，但是这里却在阐述另外 5 种不同的内容，即 segmentation（细分）、mindset（心态）、absorption（专注）、respect（尊重）及 transboundary（跨界）。于是，这张思维导图的主题最终确定为："从普通上班族到自由职业者的 SMART 聪明转型之路"。

在第一次发散及收敛确定了五个主干分支后，我就开始进行第二次更加有针对性的发散，对每一个主干分支进行具体的讲述和内容的发散，并分别为它们配上了符合文义的图像，就这样完成了整个分享内容的确定。

通过这个实例，大家可以看到，当我们用思维导图慢慢形成了自己的学习和工作方法之后，重要的是，继续使用它，让它帮我们形成一种思维方式，即使我们做的并不是一张思维导图，我们也拥有了导图思维。

在导图思维的引领下，我们在思考问题的时候，首先会看到这个内容的主题和框架，然后通过框架达到有针对性的发散思考，从而让整个内容非常丰富，并且逻辑清晰、条理分明。导图思维会让我们在日常的工作、学习和生活中，在做演讲、会议发言、沙龙分享甚至培训时，有一个非常好的思维指导及内容呈现、完善的方式。推荐读者们尝试，一定会有出乎意料的收获！

9.3 视觉引导式思维导图

有不少熟悉我的学员和思维导图的爱好者们都比较了解我的研究方向，我研究的内容除了思维导图，还有一个内容叫作视觉引导。在导图思维的指导下，我将思维导图的发展和视觉引导的发展分别作为思维导图的中心图，各自形成一张思维导图。因为我认为这两个内容，一定有可以融合和共生的部分，所以，我将这两张思维导图进行系统式的融合，因此，就找到了这个话题，也是我们本节的标题：视觉引导式思维导图。

究竟什么是视觉引导式思维导图呢？这种方式又能如何帮助我们呢？同样，我用导图思维做了一张思维导图为大家阐述。阐述将会从 4 个方面进行，分别是 WHAT（是什么)、WHY(为什么)、HOW(怎么做)和 Bonus(福利赠送),如图 9-6 所示。

图 9-6 视觉引导式思维导图之中心图 & 主干分支

第一个主干分支内容是 WHAT,视觉引导式思维导图是什么?这里分别提到主题中的两个关键词,即视觉引导和思维导图,如图 9-7 所示。

视觉引导的要点在于我们应用视觉化的呈现方式,引导着我们的视线和思路,从而让我们思考、讨论、共创,最终实现目标。视觉引导虽然是视觉化的呈现方式,但是并不重度依赖于视觉呈现,更重要的是,我们如何应用视觉化的呈现方式引导大家思考,带领大家共同走向共识的目标。

至于思维导图,全书都在阐述这个内容,所以大家应该已经对思维导图的概念和应用非常清楚了。思维导图的应用有信息整理、个人思考、团队共创及创意激发几种场景。不论在哪种应用场景中,引导的过程都是非常重要的。当我们在思考的时候,可以用不同层级的关键词引导着我们继续延展思维。而当我们在进行团队共创或创意激发的时候，仍然可以按照思维导图的步骤去引导大家思考，这些都是将引导应用于思维导图的生成过程中，从而实现突破和创新的做法。

所以在我给一些思维导图的爱好者进行团体引导的建议中，通常包括思维导图的引导及同步绘制，视觉化的呈现会刺激参与者的大脑进行思考，而当思维导图的具体内容一层层被展现出来的时候，又能激发大家在逻辑层级下进行更深一步的思考。

这种用视觉化分步呈现的思维导图来引导和激发大家不断深入思考的思维导图应用方式，就叫作视觉引导式思维导图。

图 9-7　视觉引导式思维导图之 WHAT 主干分支

我们来看第二个主干分支内容 WHY，为什么我们要应用视觉引导式思维导图呢？我们分别从相关性和黏性这两个部分来跟大家进行阐述，如图 9-8 所示。

用思维导图整理出来的整张信息网都是有关联性的，我们可以应用这种相关性，一步步引导读者的思路，让他们跟着我们的思维去了解这张思维导图的内容。

至于黏性，大家总会特别不经意地被视觉化的东西吸引。于是当出现色彩、延续的线条、一些图像时，人们的视线和思路就会被黏住，很难离开。这种特点十分有助于信息引导者控制信息出现的节奏，从而控制大家的思维节奏。

图 9-8　视觉引导式思维导图之 WHY 主干分支

第三个主干分支内容是 HOW，也就是如何实现视觉引导式思维导图。这里总共分为 4 个步骤，分别是看主题、看框架、看重点和看整体，如图 9-9 所示。

首先，"看主题"比较简单，就是通过一张思维导图的中心图来引导和讲解中心主题的内容。"看框架"是将这张思维导图的主干分支延展开，分别讲述主干分支上的关键词，也就是中心主题的延展方向。其次，就是"看重点"了，我们在第 3 章"视觉思考力"中讲过，插图要添加在需要强调和突出的内容中，让被强调的内容成为"一堆绿苹果中的红苹果"，从而让人们快速地抓到重点。最后，是"看整体"，除了看关键词表达的具体细节，还有很重要的一点就是看关联线在哪里。关联线所连接的内容，是需要关注的重点部分。这4个步骤就是我们在做视觉引导式思维导图的过程中引导读者的视线和思路的方式。

　　这里需要提醒一个要点就是，作为视觉引导式的思维导图，信息展示的步骤和流程很关键，不建议一次性完全展示整张思维导图，请你尝试按照上面的步骤操作，通过内容的逐步展现，让大家随着对内容理解的逐步深入和视角的逐步提升，用视觉引导的方式引领大家的思维节奏（如果你已经把思维导图做好，无法分步展示，可以在语言讲述上进行层级和步骤的区分）。本书中所有讲解部分的思维导图都是应用视觉引导式思维导图的方式，在分步逐层地为大家讲解，你发现了吗？

图9-9　视觉引导式思维导图之HOW主干分支

　　视觉引导式思维导图的第四个主干分支内容是我送给读者们的一个Bonus，是介绍关于能量把控的问题。一个来自西方的理论，即世界上的万事万物都由4种元素所构成，这4种元素分别是火、水、风、土。我们其实可以借鉴这个理论及这4种元素来分析一下视觉引导式思维导图的要素组成，如图 9-10 所示。

　　火元素是中心图所带来的吸引动力，中心图由视觉图像和文字组成，一般会给读者一种"想看、要看"的动力和冲动；水元素则带给人们思维及情感的共鸣，让大家在看到思维导图时，有种"我好喜欢"的感受；风元素代表着分析逻辑的缜密性，让人们在跟着思维导图思考的过程中，在抓取信息的时，体会到十分过瘾的感受；土元素是思维导图最终呈现的圆满度，让人们感受到这张思维导图带来的满足感和成就感。

　　而对这 4 种感受和 4 种能量的把控，来自我们在做思维导图引导大家观看和理解的过程中逐步出现的引导过程。在这个过程中，我们也体会到每个步骤带给大家的不同能量和不同感受。不仅是思维导图，在人际沟通中、会议的探讨交流中、场域的布置中、培训工作中等与人互动的场景中，都可以考虑对这 4 种能量的把控，帮助我们让观看者、参与者得到最佳的体验。

图 9-10　视觉引导式思维导图

9.4 本章小结

1. 之所以将导图思维描述成一种"交响系统的思维模式"，是因为导图思维"三个力"的特点，即设计力、交响力和思考力的特点。

2. 利用思维导图，可以帮助我们有效地应用导图思维来思考问题。首先，确定主题；其次，思考整体架构、确认思维路径；再次，综合应用水平思考和垂直思考来延展整张思维导图的内容；最后，通过关联线成就整张思维导图的系统关联，也就是真正地打造一张充满思维力的思维导图。这就是利用思维导图不断形成和逐渐锻炼思维的过程。

3. 用视觉化分步呈现的思维导图来引导和激发大家不断深入思考的思维导图应用方式，就叫作视觉引导式思维导图。

4. 视觉引导式思维导图非常适合用在与人沟通、团队协作与共创的过程中，用视觉引导的方式带领大家不断以导图思维的步骤从主题到框架、具体内容再到系统网络，结合视觉引导与导图思维的优势，实现优质成果的产出。

第 10 章
导图思维提升个人学习力

在思维导图的应用升级后，导图思维指导着个人思维的进步，所以这种思维方式在提升个人学习能力方面有非常显著的效果。

在本章中，我会向大家介绍优秀思维者的学习闭环是怎样构建的，以及螺旋式提升的个人成长是如何实现的，希望为读者们的个人学习能力提升和个人成长带来启发。

10.1 优秀思维者的学习闭环

在倡导"终身学习"的当代，每一位爱学习的朋友都有非常多的学习计划，可是我们要清楚一点，那就是学习者不等于思维者。任何一个学习的人都可以被称为学习者，但是在学习内容被有效吸收并内化应用的过程中，思维能力起着很大的作用，善于了解自身的长处并针对性地输入，才能算是更加进阶的学习，而在有目标地输出及系统性的融合后，学习成果才能进一步升级。这就是优秀思维者的学习闭环。

1. 了解自己

了解自己非常简单，毕竟谁不是清清楚楚地知道自己是谁及每天在做什么呢？但是你每天所做的事情的目标是什么呢？实现了一个小目标之后又有哪些更多、更远的目标等着你去实现呢？对于这些目标，我们又该如何去实现呢？这些问题不是每个人都清楚的。

当然，对自己的深入了解并不是一下就十分清晰的，而是需要对自己一段时间的探索、信息收集及归纳后了解的。所以，应用思维导图对自己做一个相对系统性和全局性的梳理，有助于将自己的所做、所思进行总结、分析，找到目标，并规划出一条通往目标的路，从而在更加了解自己的基础上，看到一个更全面的、未来的自己。

现在我们再回看第 3 章中我带领大家绘制的自我介绍思维导图，你觉得你对自己足够了解吗？这张思维导图对你当下做了足够的剖析和探索了吗？其实一张自我介绍思维导图能在很大程度上体现出自我探索的深度，让我们了解自己是谁，在做什么和该去何方。

如图 10-1 所示是我的思维导图老师孙易新博士做的自我介绍思维导图，大家可以参考这张思维导图中信息的分类归纳，尤其是关联线的应用体现了这张思维导图作为一张信息网的精华所在。大家可以先观看、体会，我将在第 10.2 节中为大家带来关联线部分的详细解读。

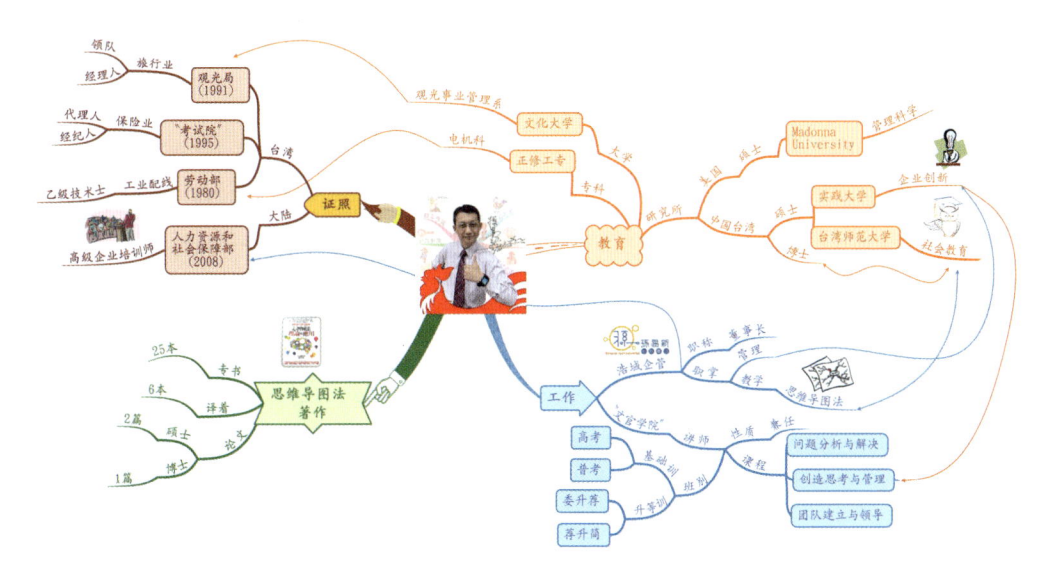

图 10-1　孙易新博士的自我介绍思维导图

2. 针对性输入

自从线上学习普及以来，越来越多的学习者患上了"松鼠效应"，也就是不停买课、囤课，但不一定有时间学习，更不一定对课程深入了解和有效吸收。很多人买课只是抱着"还挺感兴趣的，先买了以后有时间再学""这个课对我应该有用，等我抽时间学习一下"的心态，很多时候，这些课只是被收藏在自己的各个学习平台中，很少学习。

我们在用思维导图进行个人学习情况梳理的时候，可以尝试对自己在一段时间内学习过的内容进行归纳、整理，系统性、全局性地查看自己的学习方向在哪里、是否跟规划有偏差、是否需要调整和修正学习方向，从而决定自己的输入内容，确保自己一直走在实现个人目标的路上。

3. 目的式输出

对学习内容进行输出是很多学习者感到有困难的部分，很多人觉得学习是为了让自己接收信息和深化认知，为什么一定要输出呢？

我们都听过一句话：教是最好的学。通过"教"的方式，可以让我们对所学的内容理解得更加深入和透彻。所以我们可以尝试用分享、讲课、说书、写文章等输出形式，来确认自己是否真正把知识吸收、内化了。

除了上面提到的几种输出形式，我们还可以用思维导图的形式来输出。可以尝试用思维导图"默写"法，也就是把学习资料收在一边，用心思考和回顾，首先，完成学习主题的思维导图中心图，其次，用默写的方式，凭记忆和理解让学习的内容像一张知识网一样，在中心图的四周不断地延展出来。分支内容延展得越开阔，说明对学习内容细节的记忆越到位。延展的分类越有逻辑，就算与原本的内容分类不同，而是根据自己的理解进行的全新分类，也说明对学习内容的理解越深入。

不论是对工作内容的梳理还是对知识的记忆，都可以用思维导图"默写"的形式，来达到检验自己对知识记忆和理解程度的目的。这种形式对职场人员和备考人士十分适用，赶快尝试一下吧。

4. 系统性融合

完成以上的3个步骤之后，我们就已经清楚了自己的学习方向、信息输入的有效性及输出的成果性，接下来，我们就可以来分析学习的内容在实现目标的路上是否有助推和加强的作用。若有，则继续保持并强化；若无，则可以选择放弃或仅当作兴趣发展，然后另寻其他方向继续朝着目标前进。

系统性融合是指每个人作为一个系统，是否有着去糟粕添精华的发展模式，将个人各方面的行为、思维、心态等有效融合，让这个系统有内部交错、共生共荣的螺旋式提升模式的能力，促进系统的优化、个人的成长。

我们可以通过思维导图对信息的梳理方式，定期回顾自己的行为、思维、心态等发展方向，助力我们每个人更好地发展和提升。

10.2 螺旋式提升的个人成长

本节以图 10-1 所示的孙易新博士的自我介绍思维导图作为案例进行关于成年人螺旋式提升个人成长的阐述。这张思维导图在前面已经出现过，但是在本节中，我们将会看到这张自我介绍思维导图在指导个人成长方面的重要意义。

从思维导图的绘制技法及逻辑层次上来讲，孙易新博士做的自我介绍思维导图可以作为任何思维导图实践者的参考模板。我们可以看到，在这张思维导图里分支分类清晰、层级逻辑明确。无论是水平思考产生的并列关系，还是垂直思考形成的从属关系，在这张思维导图里面的展现，都是非常值得我们参考的。所以，思维导图的爱好者们在做自我介绍思维导图的时候，完全可以以这张思维导图为范本和标准，来进行自我介绍思维导图的绘制。

关于思维导图绘制部分、逻辑部分等内容，在前面已经为大家非常详细地阐述过，本节作为"思维部分"的内容，我们重点讲述用这张思维导图如何帮助我们实现螺旋式的个人成长。若想要实现这个目标，最重要的就是掌握这张思维导图里面的关联线。在这张思维导图中，密布排列在分支内部及分支之间的多条关联线，与其他内容一起组成了一张信息网。我们以其中的两条关联线作为案例来探讨。

如图 10-2 所示，我们可以看到，在这张图的右部，有一条被加粗的橙色关联线，由第一个大分支中的"企业创新"指向下面第二个大分支中的"创造思考与管理"。这条关联线的含义是孙易新老师因为学习了企业创新这个学科的内容后，才在后期的课程规划中设计出的一门课程，这门课程叫作"创造思考与管理"。所以这条关联线的箭头方向是由因到果：因为"起点的内容"，所以"终点的内容"。这也是单向关联线所能表达的关联之一，即因果关系。

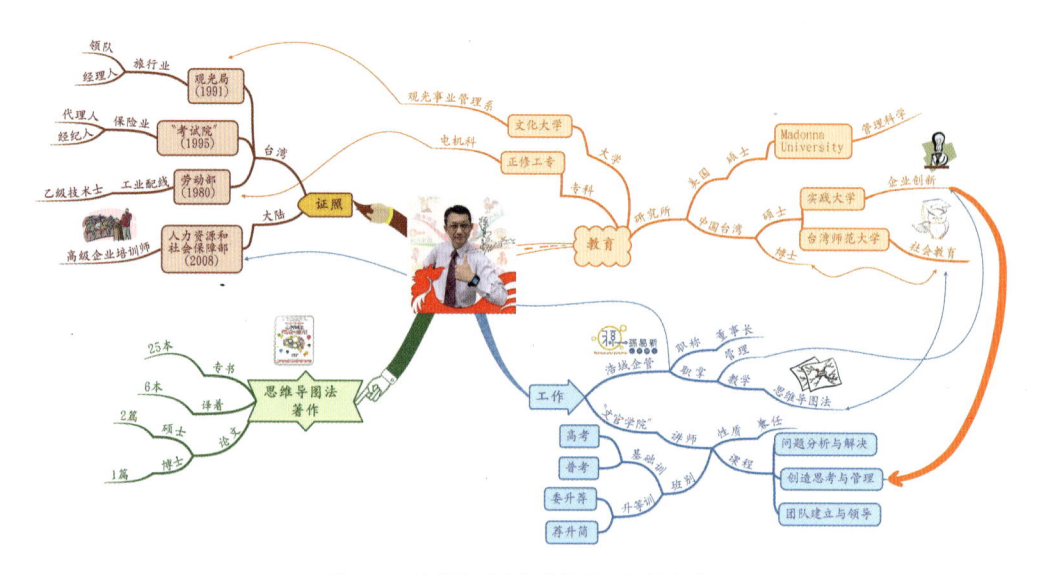

图 10-2　请关注图右部的橙色加粗关联线

如图 10-3 所示，我们再以另外一条关联线为例，其仍在图的右部，在上述橙色关联线的左边有一条加粗的双向箭头的蓝色关联线。这条关联线的两端分别关联着第一个大分支中的"社会教育"以及第二个大分支中的"思维导图法"。

据孙易新老师所讲，他在创办一家机构之初的销售思维导图法课程时，发现自己想要和需要更加深入地了解思维导图的底层逻辑及其在教学方面的理论和技巧。于是他回到了台湾师范大学，攻读了社会教育学，所以这条关联线从"思维导图法"指向了"社会教育"。孙易新老师在进修了社会教育学之后，这方面的学习反过来对思维导图法有了操作层面上更多的指导价值，并强化了他对思维导图法的应用及教学深度。

于是这时的关联线，从"社会教育"指向了"思维导图法"，所以形成了这条双向关联线。这条双向关联线的含义告诉我们，其所关联的两部分内容互为因果、互相加强，起到了正循环的优化效果，这也是双向关联线的一个特别好的应用案例。

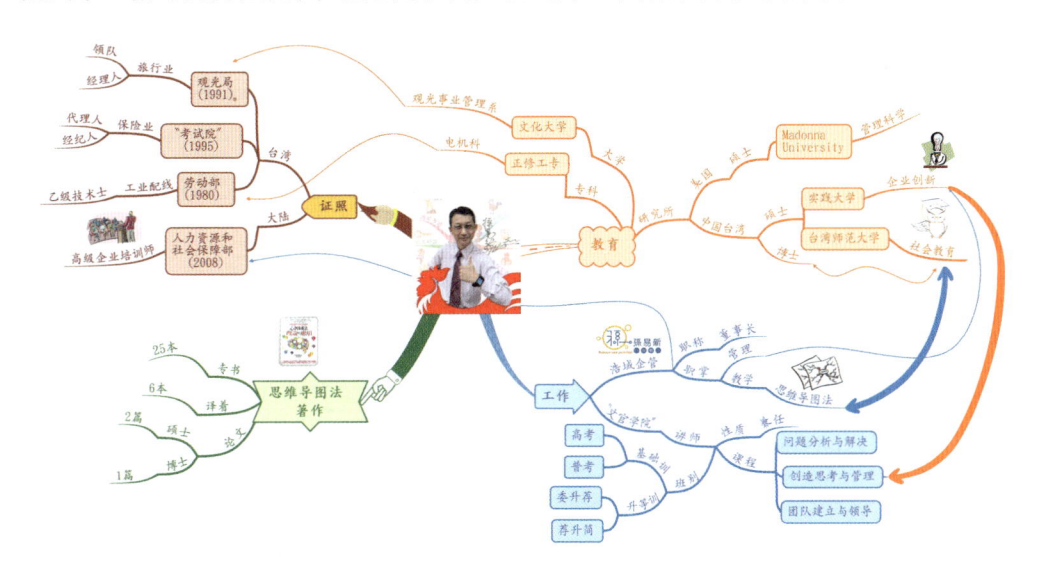

图 10-3　请关注图右部的蓝色加粗关联线

从这两条关联线的例子中，我们可以看到孙易新老师在学习和工作上都是有着关联性及整合性的。一件事情的开始，是为了让另一件事情变得更好，另一件事情的开始，又为实现某一个目标做出了贡献。在孙易新老师的自我介绍思维导图中，无论是在分支内部还是在分支之间，都布满了这样的关联线。而且越是分支之间的关联线，越向我们展示了自己在不同方向的发展及成长过程中产生的整合性的关联。反过来说，**我们也可以通过这样一张自我介绍思维导图来梳理并审视个人的发展，看到在学习上、工作上、生活上的方向，是否与个人的整体发展有统一性、整合性的目标，从而促进个人螺旋式提升的成长。**

在第 10.1 节中所提到的"松鼠效应"就是面对越来越多的学习资源，很多学习者囤积课，或者不辨方向地学习各种各样的课。我们可以通过用这样一张自我学习、个人成长的思维导图，来检视一下自己在个人发展方向上是否有足够清晰的目标。如果我们看到思维导图中的某一个分支的内容是孤立存在的，未与其他任何分支产生关联，我们就需要去思考一下这个分支所代表的学习内容存在的价值和意义，并及时做出相应的处理，同时也为个人的成长道路扫清障碍，提升效率。这样就能帮助我们更好地将我们有限的时间、精力和金钱投入更加符合我们成长方向的内容上。

所以，我们可以看到孙易新老师做的**这张自我介绍思维导图的每一个分支内部及分支之间都在循环式地自我加强，各条关联线的连接好像在用这张思维导图托起一个正在螺旋式提升、越来越棒的孙易新老师。**

我们可以通过第 10.1 节中所讲的 4 个步骤，首先，用一张思维导图把自己的情况进行梳理，好好了解一下自己当下学习、工作或生活的状态。其次，通过这样梳理自己的短板或所需要进行的针对性的信息输入，这种信息输入对你的成长是一个强有力的帮助。最后，根据 4 个步骤中的"目的式输出"找到合适的形式，输入经历，输出考验，以终为始地倒推输入，让这个良性循环不断地推动个人在不同方向的融合发展，从而实现目标。

在一次次的小目标实现之后，可以再做一张思维导图，把这些不同的小目标、小方向、分支形成一张整合性的思维导图，从而继续检验我们的各个小目标是否可以推动个人成长的大目标。通过这种整合性、融合性的处理，让我们看到一个具有全局观的自己，并且以全局观的视角，让我们的目标更加有针对性，有更高的效率，获得更好的螺旋式提升的个人成长。

10.3　本章小结

1. 在终身学习的年代，优秀的思维者有 4 个步骤的学习闭环：了解自己、针对性输入、目的式输出与系统性融合。

2. 想要让学习有较好的效果，就要主动学习。而主动学习很重要的一点就是，在确定目标之后提出关键问题，让所学的内容与自身的实际情况相结合并且指导行动。这样的方式其实就对应了 4 个步骤的学习闭环：了解自己从而确认应该学习什么，也就是确认目标；有了目标之后，问问自己为什么要学和怎么学，于是进行针对性输入环节；系统性融合就是要将学习的内容与当下自己掌握的内容进行"化学反应"式的融合；最后用目的式的输出来建立行动的方向和进行成果呈现。掌握这 4 个步骤就能帮助你成为优秀的学习者与思维者。

3. 树状结构与网状脉络结合之后比较理想的表现是助力实现螺旋式提升的个人成长。在不断打开的树状结构思维导图中，找到分支内部及分支之间的关联，发掘底层逻辑，让整张思维导图不断呈现网状式地发展，也让思维不断地发展和强化。无论是本章中提及的自我介绍思维导图，还是任何一个主题的思维导图，都有助于我们在思考和做图的过程中，实现思维的螺旋式提升，最终实现螺旋式提升的个人成长。

第 11 章
导图思维强化职场竞争力

既然思维导图在工作中有非常丰富的应用场景，就说明导图思维可以引导我们在工作中的思维方式。

本章内容主要向读者们介绍，如何通过导图思维形成收放自如的全脑思维，同时把一个新的模型介绍给大家，那就是导图思维双钻模型。最后，我带领大家一起建立在导图思维引导下的"总裁式思维"，从而让大家实现职场上的飞跃。

11.1　收放自如的全脑思维

思维小游戏

问题：如何将 200 毫升的水倒入 100 毫升的杯子中，如图 11-1 所示。

（没有任何限制条件，请大家发挥天马行空的想象力，只考虑可能性，不用考虑可行性，给出的解决方案越多越好。）

图 11-1　思维小游戏——倒水

这同样也是一个网络上常见的思维小游戏，让我们一起看看如何用导图思维来为这个问题找到更多的答案。

给自己 5 分钟的时间，拿出纸和笔来随意书写。当然，如果你有一本便利贴及一面可以贴纸的墙，我非常建议像图 11-1 一样，你简单地画个中心图贴在墙上，然后把各种可能性都写在便利贴上，每张便利贴上只写一种做法，写好以后贴在墙上，如图 11-2 所示。如果有小伙伴和你一起做这个小游戏，那么你将会看到更多想法的碰撞，会更有趣。

（5 分钟自由书写）

时间到了，我仿佛已经看到了来自大家的有趣而惊奇的思维，请允许我来罗列一部分。

图 11-2 用便利贴辅助思维发散

大家果然脑洞大开了！我所列举出来的这些打开脑洞的做法，真实地源于我在线下课堂中收集的各位学员的答案。

现在我们从问题的核心点出发，通过头脑风暴的方式大家一起尽情地发散思维，接下来，你要做的就是从这一堆答案中，尝试去发现一些"端倪"。如图 11-3 所示，我对所有的答案重新调整了位置，你能看出来是按照怎样的逻辑调整的吗？

图 11-3 便利贴按照分类调整进行摆放

没错，我把它们分成了 3 类，如图 11-4 所示。首先从右上角的一类说起，我们能看出来这一类的答案都是在水的本身下功夫，对水做了各种各样的联想；下面的一类都在以容器为对象展开联想，由于有些答案已经不是杯子可以实现的了，所以这个分类可以叫"容器"；最后一类，我们给它起个什么名字好呢？我们从中心图中看到，现有的元素只有水和杯子，这两者在前两类中我们分别进行了讨论，那么在水和杯子之外，我们把第 3 种分类叫作"环境"是不是会更好呢？

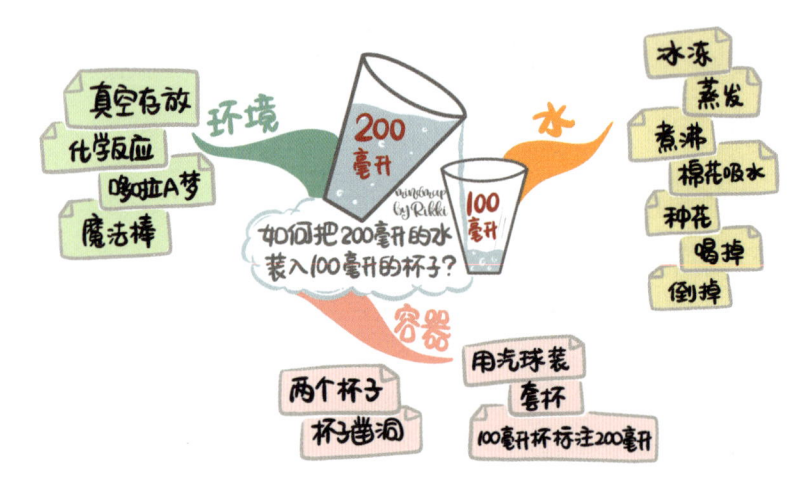

图 11-4　三大主干分支即思考方向

我们已经把所有的答案分成了三大类，接下来，在每个大分类中，再来对这些答案做个整理，如图 11-5 所示。

1. "水"分支：对水的各种联想，我们用 5 个动词："冻""蒸""吸""喝""倒"作为"水"这个分支的 5 个并列的子分支。

2. "容器"分支：对杯子的各种联想，我们仍然用动词来作为这个主干分支的并列子分支，分别是"加杯""改杯""换杯"。然而，我们发现还有一个答案是"100 毫升杯→200毫升",这也是一个对杯子的联想,但是我们要如何把它进行归类呢?不如就加一个分类,叫作"自欺欺人"吧,在欢乐的氛围中,也许更能激发我们持续的思维发散呢!

3. "环境"分支:我们看到了"真空""化学反应"和"哆啦A梦"是无法放进前两个大分支的,那么放入"环境"这个分支之后,又应该如何继续分类呢?来一起尝试一下吧。如图 11-5 所示,这个主干分支的第一个子分支可以叫作"存放位置",那么"真空"就是"存放位置"的第一个子分支,我们这时可以继续开动脑筋思考还可以把它放在哪里来实现主题;"环境"主干分支的第二个子分支为"元素添加",它的子分支为"化学反应",同样,可以继续思考可以添加什么元素;"环境"的第三个子分支为"奇思妙想",除了放"哆啦A梦",我曾经在给幼儿园老师讲课的时候,也收集到了她们非常可爱的创新想法,比如"魔法棒""巴拉巴拉小魔仙"等都可以放在"奇思妙想"这个分支里面。

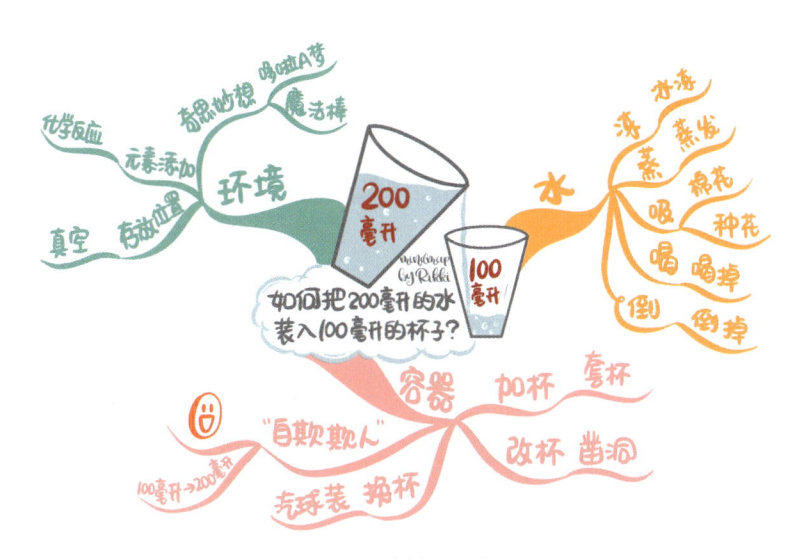

图 11-5 "倒水"思维导图

11.1.1　导图思维双钻模型

通过上面的思维小游戏可以看到，我们在思考一个问题时，为了得到比较让人满意的答案，可以尝试按照以下几个步骤来进行。

1. 确保问题相对聚焦，并把问题作为思考的中心点。

2. 对这个问题进行头脑风暴式的想法收集，想法越多越好，此时不求质量、只求数量，并且在大家发表意见的时候，互相不否定、不评判。

3. 对收集到的诸多想法进行分类。

4. 根据分类，在不同的方向上继续发散。

以上步骤其实就是我们进行创新思维整理的一个模型——双钻模型，如图 11-6 所示。这个模型由两个菱形组成，由于菱形比较像钻石的形状，所以被叫作双钻模型，而两颗钻石也在告诉我们，思维的发散和收敛不是只有一次，事实上，也不是只有模型中的两次，而是可以持续地发散和收敛下去。

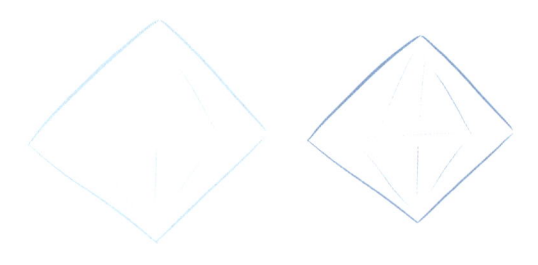

图 11-6　双钻模型

1. 先发散

在第一个钻石中，首先从确定问题的中心点出发，对问题进行思维的发散，这是双钻模型的第一个部分：先发散，如图 11-7 所示。

导图思维双钻模型 by Rikki

图 11-7　双钻模型的第 1 次发散

在上述步骤中的第二步，说明了头脑风暴式想法收集的要点：不求质量只求数量、不否定、不评判。这样做是为了让大家的想法可以不断地出现，而不会因为消极因素的出现而产生阻碍。那么我们为什么需要这么多的想法呢？这是为了我们下一步的收敛分类做准备，分类是建立在想法的基础上的，归纳、筛选、分类、命名。我们在本节开头的思维小游戏中可以看到，"水""容器""环境"这 3 种分类是通过出现的想法归纳出来的，但是如果没有"真空""哆啦A梦"这样的想法，我们就归纳不出"环境"这个分支。可以想象一下，若在现有的"水"和"容器"两个主干分支上直接想出来第三个主干分支，并不是不可以，但是在没有信息基础的情况下，难度会很大、效率会很低。

在应用思维导图的过程中，我们经常会在流程规划、纲要制定等思维导图中，尝试思维发散的过程。

2. 再收敛

在双钻模型中，第 1 次发散之后，开始第 1 次收敛，如图 11-8 所示。体现在思维导图中，就是分类，那么为什么要有收敛这个动作呢？

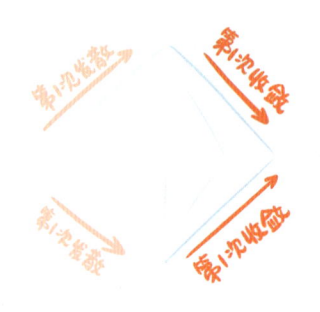

图 11-8　双钻模型的第 1 次收敛

第一，建立思维的框架逻辑性。

在第 1 章中，我们通过思维导图的定义向大家介绍过，思维导图是一种思维工具，我们在思考任何事情的时候都可以用思维导图来辅助思维进行发散和收敛，从而实现对目标问题的探索。

在我们刚刚开始应用思维导图的时候，我们可以通过头脑风暴中产生的各种想法来提取关键词，并将想法分别归类到每一种分类中。当应用熟练之后，我们在看到一个问题时，大脑中就会出现一个从中心问题向四面八方延展开的信息架构，而并不是条列式的信息罗列。所以，多多尝试先发散、再收敛的思考方式，这是从线性思维到发散性思维的关键一步，它可以帮助我们建立思维的框架逻辑性。

第二，锻炼思维层级的高度。

如果我们把一张思维导图的结构想象成一个公司的组织架构，如图11-9所示。如果中心图是公司的老板，那么主干分支就是老板的直接下属，比如，各个事业部VP之后是部门经理，接下来是部门内部的主管、部门普通的办事员、实习生。

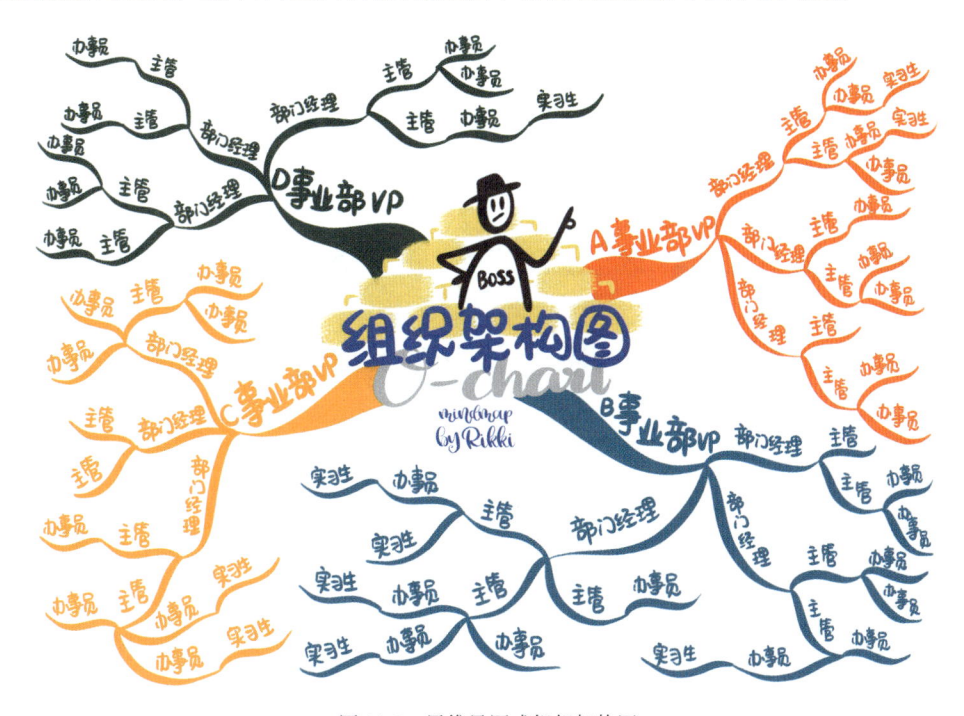

图11-9　思维导图式组织架构图

我们带着这样的概念去思考思维导图的分类，想一下，现在的主干分支关键词足够"级别"吗？它们已经是部门经理了吗？还是仍然停留在主管、普通员工甚至实习生的层级？我们是在越级汇报吗？这就提醒我们，要随时问问自己，提取出来的关键词，还有上位阶吗？当然，在很多公司，老板随时听取各级员工的想法和建议，但是在正式的公司业务处理上，是不是按照级别沟通和处理的效率更高呢？所以，在思维发散和收敛之后，一直保持对关键词层级的敏感度，就是一直在锻炼我们思维层级的高度。

在日常的思维导图应用中，我们经常会在读书、课程笔记及在总结复盘等内容中用到收敛的思维方式。

3．发散与收敛的综合应用

在第 1 次思维发散和收敛结束之后，可以看到双钻模型中的第 1 颗钻石的流程已经完成，细心的读者可以发现，右边的第 2 颗钻石比左边的第 1 颗钻石略小，而且色彩更鲜亮，如图 11-10 所示。这又是为什么呢？第 2 颗钻石到底是什么呢？

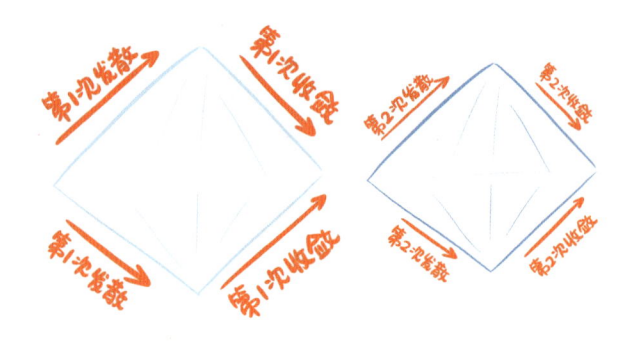

图 11-10 双钻模型继续进行的第 2 颗钻石

思维导图帮助我们确认思考问题的框架和方向，如图 11-10 所示，第 1 颗钻石中的收敛步骤可以帮助我们实现这一点。之后，可以根据思考方向的顺序或优先级，选择从一个方向展开思考。

展开思考的这个分支的关键词可以看作重新确定的一个主题，接着可以重复上一个钻石的思考动作：思维发散和收敛。这也是为什么第 2 颗钻石与第 1 颗钻石形状一模一样的原因，而第 2 颗钻石略小，是因为这一步是在上一步思考的基础上，从一个特定的方向继续出发，并且会比第 1 颗钻石在同一个方向上有更深入的思考，因而这一步会让思考更具有针对性，钻石也就更加鲜亮。

当第一步的各个思考方向，也就是思维导图建立起的框架下的各个分支都进行了第 2 颗钻石的进一步思考之后，也就展开了思维导图的二级分支。然而，这个双钻模型并不止两颗钻石的形状，而是代表了一系列继续延伸发展的多颗钻石，如图 11-11 所示。也就是说，思维的发散和收敛可以无限地进行，直到在信息整理过程中将所需要的信息整理完善，或在解决问题的思考过程中找到合适的解决方案。最终，整个过程就形成了思维导图不断向外延续发散的形式了。

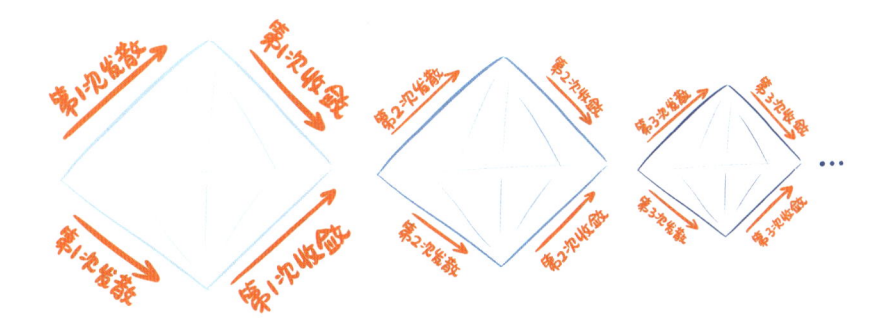

图 11-11　双钻模型继续进行的第 3~N 颗钻石

11.1.2 思维技巧总结

1．思维方式结合

你还记得第 5 章中垂直思考和水平思考的内容吗？将这两种思考方式与本节所讲的发散思维与收敛思维结合，可以实现更有效的思维产出。在思维导图架构发散的过程中，同样要遵循"先水平思考，再垂直思考"的顺序，确保每一步的框架搭建完善之后，再向外继续发散，用水平思考实现思维绽放的广度，用垂直思考实现思维扩散的深度。以双钻模型来看的话，是将每一颗钻石打造精美之后，再打造下一颗钻石，让思维在逐渐打磨的过程中散发光芒，实现目标。

2．思维是有弹性的

有效的思维并不是一条直线从头到尾进行的，而是在思维的过程中不断经历反复，这个反复的过程才是思维发光的部分。就像双钻模型中的每一颗钻石，都在各自的步骤形成之后，散发各自的光芒。所以，在我们思考的过程中，有很棒的亮点，也有茫然的摸索，这是弹性思维的必经过程，也是健康的、有效的思维过程，对每一颗钻石耐心地打磨，终会有闪亮的成果。

3．思维是有最佳路径的

思维有最佳路径吗？听起来好像是个可以"抄近道"的做法，这里想要说明的是，优质的思维并不是一蹴而就的，而是在修炼的过程中不断优化升级的。那么如何修炼优质的思维方式呢？在思考的过程中，随时问问自己："在想什么呢？"

这是什么意思呢？意思就是，人们在思考的过程中，非常习惯直奔细节，就像为了找一棵树，却忘记自己身在什么样的树林中，如果走错了树林，又怎么能顺利地找到想找的那棵树呢？所以问问自己："在想什么呢？"就是提醒自己后退一步，看看自己正在哪条路上，这条路是去寻找目标树木的最佳路径吗？如果这条路根本就不通往那片树林，那么就赶快返回，换条路继续前进。

随时问问自己："在想什么呢？"帮助自己后退一步，看清思路和全局，以在前进的过程中减小阻力、提高效率，找到思维的最佳路径。

4．激发创新思维

在本书中，我们多次提及创新，是因为思维导图确实是一个能帮助我们激发创新的工具，在形成导图思维之后，创新思维也涵盖其中，一举两得。

关于创新，有这样的一个概念：旧元素的新组合。当整体的事物被拆开、揉碎，分成细碎的小颗粒时，这些小颗粒就代表了旧元素，将旧元素重新组合，就会实现不一样的结果，激发精彩的创新。

在思维导图中，每一个关键词恰好是小颗粒，我们不但需要寻找相同的元素进行关联，还要有意识地对不同的元素进行"硬关联"，激发火花，实现创新。

11.2　建立你的"总裁式思维"

作为打工族，你是否有过这样的困惑：

- 我的这份报告已经做得非常好了，为什么老板不满意？
- 老板为什么总是 get（接收、理解，下同）不到我的想法呢？我们之间真的是有代沟吗？
- 我拼命地工作，为什么升职加薪总是轮不到我呢？

用系统性思考的"总裁式思维"，就能帮助你解决上面的问题！

以做一份年终总结为例,当我们开始思考年终总结的内容时,很多细小的事情会钻进我们的大脑,比如,今年 3 月我做到了销售冠军;6 月 20 日,我收到 MBA 录取通知书;部门领导空降,今年我升职无望;在公司年会上,我获得了十佳歌手决赛的第二名;我帮女儿成功小升初,进入了心仪的学校。

如果说这些细小的事情是我们在思考年终总结时进行的头脑风暴的话,那么下一步我们就要去想想这么多的内容应该如何分类?

销售冠军——工作业绩

MBA 录取通知书——考研成功

升职无望——工作升迁

公司十佳歌手——工作周边

女儿小升初——孩子升学

做完这样的基础分类之后,我们就开始梳理分类的逻辑性,在前面的内容中讲到逻辑思维力时,我们说过分类要按照金字塔原理中"不重复、不遗漏"的原则来梳理和检核。在上面的基础分类中,工作业绩、工作升迁和工作周边都属于"工作"这个大分类,首先把这 3 个分类整理在一起,接下来我们要考虑两个方向,同样是我们在创意思维力中讲到的内容——水平思考和垂直思考,所以我们要考虑的就是水平的对应关系和垂直的从属关系。

关于水平思考,在刚刚整理好的"工作"分支中,我继续思考了一下,还有其他的内容与"业绩、升迁、周边"对应存在吗?嗯,我仔细地回想了一下,我还参加了培训课程,参与了公司组织的公益活动,去乡村支教,单独完成了几个大客户的项目……对呀,把这些内容都放进去吧!同时,如果有一个分支是"工作",那么跟它对应的还会有什么呢?比如,学习(考研成功可以归在此类)、家庭(孩子升学可以归在此类），也可以继续思考还有什么对应的分类，之后再继续对每个分支进行发散和分类整理。

关于垂直思考，我们以"销售冠军"这个关键词为例，我是如何获得这个荣誉称号的呢？我会从平时积累和大赛准备这两个方面分别来看冠军旅程，平时积累有理论、实操两个方面，实操分为演练和实战，实战又形成了现场沟通、客户反馈、针对提升这个闭环。

你还记得在前面的内容中提到一个问题，即我们思维发散的过程要遵循"先水平思考，再垂直思考"的顺序吗？遵循这个顺序会让我们的思维在有逻辑支撑的前提下，每一个分支都能慢慢地发散成一个美丽的扇形信息网，让你做的思维导图的内容有广度、有深度。

1. 如何利用导图思维提升思维格局，实现"降维打击"

你为什么总是觉得领导无法认可和理解自己呢？你们中间的差距不是对观点的解释说明，而是层级的间隔。我们再次以上面的年终总结为例，如果是领导要你做一下年终总结，你对领导说："我去年做到了很多事情，3月份得到了销售冠军、拿到了MBA的录取通知书、年会获得十佳歌手第二名，还公私兼顾，帮孩子顺利完成了小升初。"就在你洋洋自得于各种成就时，领导对你的评价却越来越低，因为你不懂得用最有效、合理的方式做一个很有质量的汇报。

那么应该如何汇报才好呢？你可以尝试在大脑中"画"一张上面提到的思维导图，迅速建立一个框架，我们来简单看一下思路。

1）如果用一句话说明的话，我的年终总结就是，在不断地努力下，我的工作和家庭都取得了不错的发展，这就是我大脑中思维导图的中心主题。

2）接下来，我将会从工作、学习、家庭3个方面来展开说明过去的一年。

3）以工作方面为例，我在工作业绩、工作升迁和工作周边3个方向上做了梳理和复盘。

4）重点想跟领导汇报一下我在工作业绩上取得销售冠军的一些心得。

之后就可以根据时间的长短来进行对应的细节展开了。对比上面的两种汇报方式，如果你换位思考，你是否喜欢具有第二种思维方式的员工向你汇报工作，并给这种员工更多的展示机会和升迁的可能性呢？

所以，如果我们总是可以**从顶层来设计自己的思考方式和具体内容，随时搭建好框架并有逻辑地展开内容，我们用的就是自上而下的"总裁式思维"**，那么我们在同级竞争中不仅会脱颖而出，还会用"总裁式思维"提升我们的思维格局，实现"降维打击"。

2. 如何打破上下级间的思维壁垒，促进高效沟通及理解

我在给企业上思维导图课程的过程中，经常会遇到经纪人和企业主向我吐槽：想找到合适的接班人或企业的二把手真的好难！我们大部分的人从小到大所受的教育就是，好学生、好员工就是要"听话照做"。这完全没有错，可是同时也会扼杀我们一部分的思维能力和创新能力，所以能主动地跳出思维舒适圈来站到领导的位置上思考的人少之又少。

用导图思维的方式，系统性、全局性地思考，就能很好地辅助我们解决这个问题。我们把对待问题的思路想成（或画出）一张思维导图，领导在带领和培养下属的时候，有时可以让自己的思维往下走一到两个层级，慢慢地让下属跟上并理解自己的思路，培养下属的高阶思维。而员工在跟领导汇报和沟通的时候，也要每次努力尝试向上总结一个到两个层级，让自己与领导的思路更加靠近。这样，在沟通的时候，大家就不会有"到底明不明白我在说什么"的感受了。并且，这种做法极大地锻炼了从对方的角度思考的同理心，帮助我们打破上下级之间的思维壁垒，促进相互之间的高效沟通和理解。

3．如何向上思考，"管理"你的老板

如果你已经明白了上述两点，那么应该如何向上"管理"你的老板，就不难理解了吧？从现在开始，我们就用思维导图帮助自己梳理、思考每件事，锻炼思维方式，让思维升级。对于同一件事，迅速地 get 老板的想法，当你跟老板的思路一致，甚至你的思维高于老板的思维的时候，"管理"老板不就是很轻松的事了吗？我们来看看具体应该怎么锻炼吧。

1）每当思考一件事情的时候，先为这个主题做出一张思维导图。

2）最开始不用担心层级不明、逻辑不清，把尽可能多的想法收录进思维导图。

3）用我们之前多次提及的"先发散、再收敛、再发散……"的双钻思维模型，对思维导图的内容进行数次梳理，让中心主题与主干分支的关键词的距离尽可能地拉近，要知道，这个距离就是区别思维层级高低的关键点。以上述的年终总结为例，我们需要的是，年终总结这个中心主题与"工作""学习""生活"这样的关键词的距离。如果你还想把年终总结这个中心主题与"销售冠军""考研成功""小升初"的关键词关联上的话，就要努力提升提取上位阶概念的能力了。

4）在完成一张思维导图之后，可以用这样的方式去跟你的老板汇报和沟通：在沟通过程中，仔细聆听老板对事情的见解和分析，也可以在沟通结束前，询问老板对自己汇报内容的意见和建议，并综合所有反馈对思维导图进行修改和更新。你会看到自己和老板的思维差距，这是好事，每一次发现问题都是一次改进和提升的机会，慢慢地你就会与老板的思维层级越来越接近，甚至比老板的思维层级更高，从而实现向上"管理"老板。

4．"先见森林再见树木"——简单是最高级的复杂

我们在说到思维导图的原则以及系统思维的时候，都提到了"先见森林再见树

木",因为我们总是需要先把握事情的全局,了解事物的脉络和发展方向,才能让具体的执行有的放矢。所以,如果我们把一件事情的细节描述得淋漓尽致,却发现这件事发展的方向有问题,放弃整个事件,岂不是赔了精力和时间,太过低效。

所谓高级,就是极简约的美。我们看到一些非常有设计感的产品、非常吸引人的广告,其实就是极致的简约。我们处理一件事情也是相同的道理,如果能用距离中心主题最近的、最合适的概念去诠释中心主题,那么整个事情的发展方向大抵不会出问题。

所以,"先见森林再见树木"让我们用足够清晰的框架和逻辑去把控事情的要点和走向。

11.3　职场常见问题的分析与解决模板

很多思维导图的学习者都有一个疑问:"我知道应该建立清晰明确的思维框架,但是在开始练习做思维导图的前期,总是不知道应该如何建立这样的框架,这个问题应该如何处理呢?"

如果本书的读者们同样也有这个疑问,那么我在这里给大家一个建议,就是先模仿,再创新。思维框架的建立需要一个过程,最开始可以通过应用现有的思维框架,模仿他人的思维模式,进行思维导图的制作。随着练习变多,你慢慢地可以熟练地做思维导图以后,就可以逐渐开始针对内容形成分类方式,建立思维框架,并逐渐形成几套思维模式,从而指导你的思考方向。

图 11-12 至图 11-16,是在职场应用中常见的几套思维框架,读者们可以在工作、学习的场景中应用不同的模板,助力思维的发散和收敛,用思维导图记录工作和学习内容。期待你们在不断地练习之后,都能收获个人独特的和有效的思维框架、思维模式。

图 11-12　SWOT 分析法思维框架

图 11-13　PEST 分析法思维框架

图 11-14　时间管理 4 象限思维框架

图 11-15　波特 5 力模型思维框架

图 11-16　5W2H 法思维框架

除了这 5 种思维导图模板，读者们还可以利用本书附赠的"灵感思维笔记本"进行框架思维及思维导图绘制的练习。

11.4 本章小结

1. 应用双钻模型可以实现我们思维的收放自如，帮助我们激发创新思维，助力我们分析和解决问题。

2. 双钻模型的应用要领是不断地发散与收敛，让思维不断地在正确的路径上聚焦，从而找到正确答案。

3. 在双钻模型的探索过程中，我们可以发现思维是有一定技巧的：思维方式的结合应用；思维是有弹性的；思维是有最佳路径的；激发创新思维。

4. 应用导图思维的双钻模型，可以帮助我们建立"总裁式思维"；帮助我们利用导图思维提升思维格局，实现"降维打击"；帮助我们打破上下级之间的思维壁垒，促进相互之间的高效沟通及理解；帮助我们向上思考，管理"老板"；帮助我们掌握"先见森林再见树木"的原则，把握事情的全局，做到有的放矢。

第 12 章
做一份给未来的思维导图

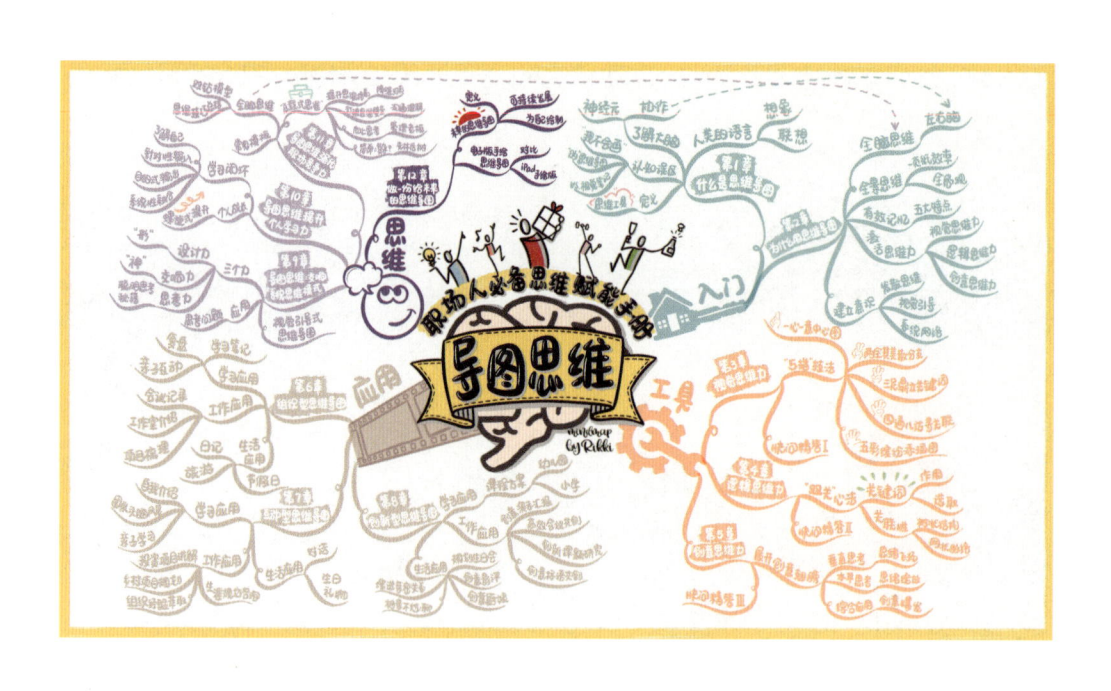

做一份给未来的思维导图，这是一个非常新颖的话题。我在这些年思维导图的教学过程中，发现很多思维导图爱好者会出现一个问题，那就是在历经非常辛苦的思维活动，绘制成一张思维导图之后，大家开开心心地拍个照就不再关注了。我认为这样非常可惜，因为耗费了我们大量的时间和精力完成的一张思维导图，其实是一种特别好的拥有检视个人思维成长的、便于进行主题式分析的、助力系统融合优化等功能的有力工具。

所以，在本书的最后，我用一整章的篇幅来跟大家介绍一个也许你之前没听说过，但你之后一定会实践的内容：做一份给未来的思维导图。

12.1 未来的思维导图

12.1.1 什么是未来的思维导图

我仍然会用是什么（WHAT）、为什么（WHY）和怎么办（HOW）3个方面来跟大家聊聊这个话题，首先我们来看第一个部分，如图 12-1 所示。

图 12-1 WHAT——常见思维导图的类别

我们在日常的思维导图应用中，有非常多的应用场景，大家可以想想会把思维导图用在什么地方。在这里，我把多种多样的思维导图的用途按照发生的时间顺序分成 3 个类别：过去的思维导图、现在的思维导图和未来的思维导图。

过去的思维导图是对已发生事情和内容的整理，比如，自我介绍、年度总结和项目复盘。

现在的思维导图记录的是当下正在发生的内容，比如，你在听课、读书及会议的进行过程中记录而形成的思维导图。听课笔记、头脑风暴及会议记录类型的思维导图都属于这种形式的思维导图。但这种类型的思维导图有一个特点，那就是一旦记录的环节结束，这张思维导图就会成为过去的思维导图。

未来的思维导图是指图中呈现的内容还未发生，这是一份为将来准备的、指导未来和启发未来的思维导图，比如，新年规划、活动策划和演示汇报。同样，规划的那个未来一旦到来，这份思维导图也就成为过去的思维导图了。

那么如何才能做一份真正的给未来的思维导图呢？

12.1.2 可持续发展的思维导图

首先，我们用一分钟来思考一个问题：**你平时常做的思维导图是哪种类型的思维导图呢？**

我们为什么要做一份给未来的思维导图呢？如图 12-2 所示，这个问题让我想到了初中政治课本中的一个概念：可持续发展——既能满足当代人的需要，又不对后代人满足其需要的能力构成危害的发展。

图 12-2　WHY——可持续发展的思维导图

既然我们想要一份可以指导未来的思维导图，它一定是具有可持续性的，那么请允许我提出一个新的概念，并尝试给它下个定义。

可持续发展的思维导图是既能满足当下信息及思维的需要，又能激发后续信息的接收和思维发展的可能性的思维导图。

所谓的可持续性，可以从以下 3 个层次来体现。

1. 信息可持续

这是相对来说最简单的可持续方式，有以下两种做法。

第一，我们做的思维导图只要是在安排未来的事情、规划未来的项目、为未来的演讲准备内容、给一门新课程做课纲等，都属于在信息上直接为未来做准备。

第二，可以尝试在思维导图的"正文"结束之后，增加一个分支为"AHA"，代表对你有启发，让你大脑灵光一闪的"啊哈"时刻。在这个分支中，你可以整理一下自己在整个内容中的收获、心得、启发，甚至是指导下一步的行动计划。**让这张思维导图哪怕是在对过去内容的梳理中，也对未来有新的指导，并在回看的时候随时核对、补充、继续思考和继续对未来进行指导。**

2. 思维可持续

思维导图是一种思维工具，它可以非常高效地激发我们打开思维活口，从而让我们思如泉涌、逻辑架构全面而清晰、不断地创新。同样，有两个小技巧可以帮助我们打开思维活口。

第一，我们在现有的思维导图中多寻找关键词和分支之间的关联。相同的内容关联起来表明这个内容比较重要，因为多处被提及；有因果关系的内容可以关联起来，发掘整体内容中更多的底层逻辑；此外，也比较建议去做一些"硬关联"，可以激发创意，发现从未想到的内容。

第二，留一些空白的分支线条。我们都有所谓的"完形强迫症"，但凡有空白的线条，都想把它填上。利用这个特点留白出来，让我们的大脑带着问题去"生产性休息"（大脑看似在休息，其实仍在生产性地工作），当再回看思维导图时，也许会有惊喜发生。甚至不仅填上空白，还能继续创造新的内容。所以这也是打开思维活口的一种方式（至于打开思维活口的具体操作逻辑，欢迎到我们的课堂中学习和探讨）。

3．形式可持续

这是我个人的研究方向之一，也是我最推荐的发展方向。这里要带出一个关键词：视觉引导。

什么是视觉引导呢？我们可以简单地把它理解为用视觉呈现的方式去带领视线和思维，在高参与度和强共创性的状态下实现目标的方式。常见的视觉引导表现形式有视觉笔记（小幅面）、视觉记录（实时大幅面）、视觉引导（视觉化团队流程引导）。

思维导图作为一种视觉化呈现的方式，同样也可以以视觉引导的形式带领视线和思维，引导大家一步步地推进内容，直至实现目标。这个过程就如同我现在用每一个分支依次出现的形式来向大家展示我的内容一样，当然在现场的话，有大家的参与和对内容的共创，才是更好的（有关视觉引导式思维导图，更多请参考第 9.3 节的内容）。

这种形式上的可持续性更加带动了所有成员思维的可持续，最终实现落在纸面上的信息可持续。

12.1.3 绘制你未来的思维导图

在我们知道了什么是及为什么要做一份给未来的思维导图之后，就一起来看看究竟如何才能做一份这样的思维导图，如图 12-3 所示。

图 12-3　HOW——如何做未来的思维导图

首先，对于过去的思维导图，也就是已经完成的思维导图，我们用"关联"来把它们与未来连接。说到"关联"，首先可以先从图内下手，重新审视已经完成的思维导图，看它是否有适合的、足够多的关联线去体现图中内容的底层逻辑关系，接下来，就可以考虑多张思维导图的系统性融合了。

比如，之后如果仍有同主题的思维导图，就可以把它们放在一起，进行多图的主题性关联，找到大主题下每张思维导图之间的关联，这种方式经常会让我们有不一样的见解，对主题的理解有飞跃性的提升。我们也可以尝试在每年的生日、纪念日、节假日等固定的日期做一份思维导图，之后把同类型日期做的多份思维导图进行对比、关联和融合，就会发现不一样的变化和成长。**这些都是让思维导图"活"起来的方法，而不是让思维导图仅仅停留在完成的当下或过去，是让它们一直在与未来产生关联，成为未来的思维导图的一部分。**

其次，针对现在的思维导图，主要的类型有听课笔记、读书笔记、演讲笔记、头脑风暴等实时记录的思维导图。对于这些类型的思维导图，最好的方式就是如前文所述，在思维导图的最后加一个 AHA 分支，记录心得收获、总结反思、新一步行动计划等内容，让自己的思考不仅停留在当下，还为未来做出规划。

比如，在 AHA 分支中，制订与思维导图主题相关的未来一个季度的行动计划，那么在未来的 3 个月中，随时对这张思维导图进行回看并记录完成的进度、完成的效果，再用思维导图中的内容对自己进行指导。这样的思维导图至少能在未来一个季度内为自己所用，经过再次规划，"保鲜"的时间将会更长。

用这种方式我们已经把当下的思维导图变成了指导未来的思维导图，同时，也让这份思维导图从对别人内容的记录，彻底变成提升自己的利器。一举多得，实在是不能错过的方法。在读过本书之后，期待大家在以后制作每张思维导图时，都能带着这种意识，让思维导图为你的未来服务和助力，让这种工具帮助你成就更好的自己！

接下来说到未来的思维导图，如何让未来的思维导图保持未来性呢？其实有非常多的做法，让这份思维导图在做图的"当下"和图中事件发生之前的这个"未来"中有很多的操作可能，也能让这份本就是"未来"的思维导图的"未来保质期"延长。

请大家记住 5 个"可",分别是**可补充、可修改、可延展、可关联、可 AHA**。由于思维导图中的那个事件尚未发生,我们可以随时为了未来去补充、修改和延展这张思维导图。当未来到来时,我们可以用对现在的思维导图的处理方式,去做 AHA 的内容。同样,如果事件已经结束或已经过去,我们也可以继续使用关联的方式,让这个已经结束的事件,在未来再次发生的时候,有更好的经验和更纯熟的操作技能。

总之,**我们通过这样的方式,让任何一种类型的思维导图都不会做完即结束,而是让它们持续发挥作用和产生影响力,让我们的思维不仅停留在一张过去的纸上,还让一份思维导图成为一颗可以指导未来的"启明星"**,让我们的思维在通过思维导图的系统融合之后得以加强,散发出耀眼的光芒!

12.2 电子版手绘思维导图

1. 三种类型思维导图对比

作为一种趋势,电子化的产品和内容产出一定是使用范围越来越广、使用场景越来越多的。思维导图也不例外,在本书中,几乎所有我做的思维导图都是用 iPad 手绘而成的,相对来说,思维导图的色泽更加饱满,背景的选择也更加多样。说到这里,就必然会有读者们提问:纸笔手绘思维导图与电子版手绘思维导图的区别在哪里?如果要进行比较,我再加上第三种呈现形式,一起来做个对比,这就是电脑软件思维导图。

首先,通过如图 12-4 所示的 3 张思维导图,分别可以从视觉感官上看到它们的异同。

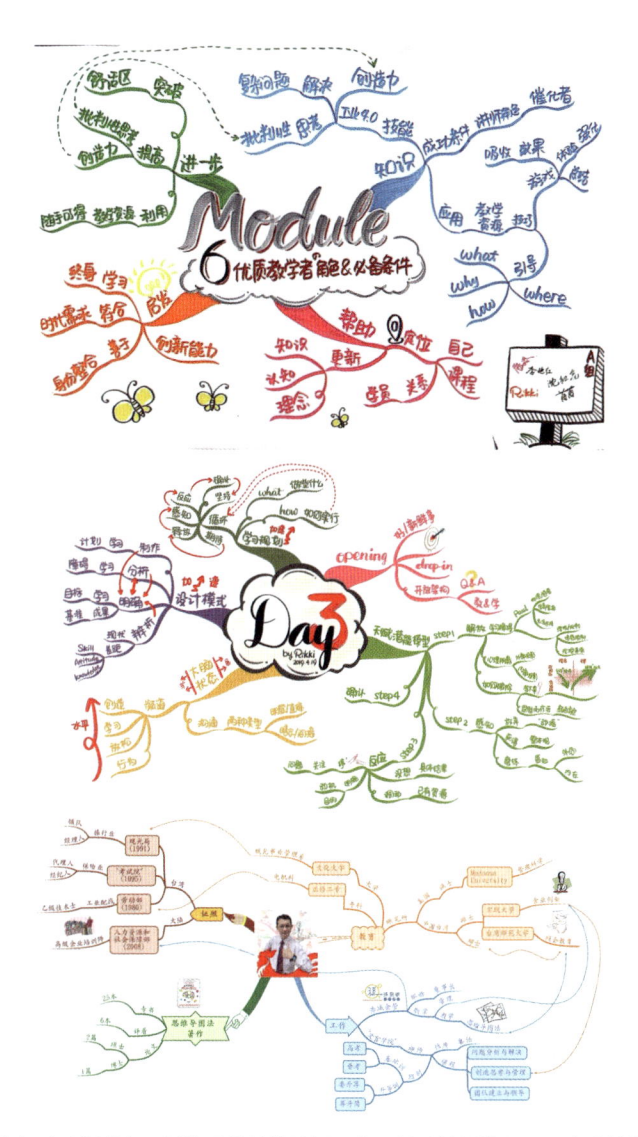

图 12-4 从上至下分别为：纸笔手绘思维导图，电子版手绘思维导图及电脑软件思维导图

接下来，我用一张思维导图来呈现三种类型思维导图对比，如图12-5所示。对比分别从6个维度展开，即便捷度、上手难度、手绘要求、信息承载力、视觉引导性、视觉冲击力及思维激发度。其中1颗星代表程度最低，5颗星代表程度最高。

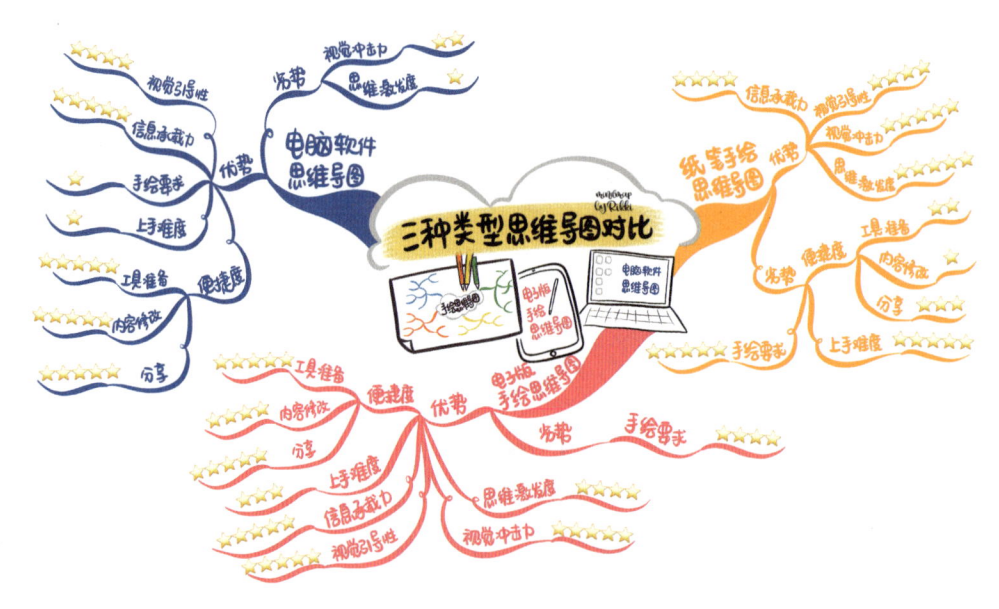

图12-5　三种类型思维导图对比

综合来说，电子化程度较高的绘制思维导图的方式便捷性高一些，上手难度低一些，对电子版手绘思维导图的视觉呈现要求没有纸笔手绘思维导图那么高，同时信息的承载能力更强。所以，电子版手绘思维导图，尤其是电脑软件思维导图比较适合在商务场景下使用，这种场景对效率的要求更高，对视觉呈现的要求相对低一些。而对于个人的思考、团队的共创来说，纸笔手绘思维导图的视觉冲击力及思维引导性，又是电脑软件思维导图无法比拟的。

从图中优势、劣势的条目数量来看，看似电脑软件思维导图的优势较多，纸笔手绘思维导图的优势较少，但两者对比维度的权重并不相同。比如，最后一个维度——思维激发度，这在我看来是思维导图作为一种工具最明显的特点和较大的功能所在。一张思维导图当然可以用来做各种笔记或整理信息，但如果仅仅如此，这种工具就太大材小用了。是否可以真正地激发思考，在我看来这才是一张思维导图作为思维工具是否有价值的评判标准。

很多思维导图实践者都问过我：到底是纸笔手绘思维导图好还是电脑软件思维导图好？鉴于上面的说明，我一般只会回答一句话：纸笔手绘思维导图"过脑"，电脑软件思维导图"过手"。

我们的双手与70%～80%的脑细胞相连，而我们的大脑每次在有意识地处理信息的方面是有限的，这也就是所谓的"工作记忆"。但是在双手的神经连接下，现实中的我们在任何时候比我们认为的都"知道"得多太多。因此，**纸笔手绘思维导图激发并调动了我们的脑细胞，让我们"知道"得更多、"想到"得更多、"关联"得更多，自然也就有意识地扩张了我们的思维网络、锻炼了我们的思维能力。**

所以，关于纸笔手绘思维导图，我们用手在先，随后激发大脑产生更多的想法，再用手来记录和呈现。由于这个正循环，我说纸笔手绘思维导图"过脑"。而用电脑软件思维导图时，我们先是想到内容再打出文字，完全浪费了用手激发大脑的特点，手只是作为一种打字工具而存在。所以我说电脑软件思维导图"过手"。

当然，我们需要考虑思维导图的应用场景及应用目的。如果我们在公司开会，需要快速地绘制一张会议记录的思维导图，当然不需要拿出一堆彩笔、铺上一张白纸开始做图，这时，一张电脑软件思维导图完全满足需求，并能高效达成目标。而当我们在任何需要动脑进行思考的场景中，毋庸置疑，纸笔手绘思维导图一定可以作为首选，助力实现更好的效果。

同时，我也建议所有的思维导图爱好者和实践者们，虽然电子版手绘思维导图的颜色艳丽、制作相对便捷，而电脑软件思维导图无须考虑手绘，可以马上上手，但请大家都从纸笔手绘思维导图练起。在体会到思维导图对思维的强大激发作用之后，说明你已经在一定程度上建立了导图思维，这时你就可以用这种思维方式，选择适合的呈现形式来完成思维导图了。

2. iPad 手绘思维导图

最后，作为一个福利，我专门准备了我的"看家本领"之一——iPad 手绘思维导图，并向大家做个介绍。

我们在前文了解了三种不同形式的思维导图的对比之后，明白了用 iPad 来绘制思维导图的最大优势就是便利性：我们不用随身带纸或本子，也不用带彩笔，直接打开 iPad 开始绘制即可，效率非常高。但是务必要注意的一点是，在绘制思维导图的过程中，相关的步骤和思考，一个都不能少，不然非常容易让这张 iPad 手绘思维导图"沉浸"在软件的绘画优势中，有形无神。

接下来，我将从三个方面跟你介绍 iPad 手绘思维导图的操作技巧。这三个方面分别是工具、练习要点及注意事项，如图 12-6 所示。

图 12-6　iPad 手绘思维导图的操作技巧

首先我们介绍第一个方面，也就是第一个主干分支：工具，如图 12-7 所示。用电子设备进行操作，显然要关注两个部分的内容，它们分别是硬件和软件。下面我通过几个非常常见的问题及回答来向大家介绍工具部分的内容。

问题 1：你最推荐的硬件品牌是什么？

答：在硬件的选择上，我更推荐苹果品牌的 iPad 和 Apple Pencil，因为这两者搭配在一起的顺畅体验是别的硬件设备无法比拟的。

问题 2：你有其他的品牌推荐吗？或者用 iPad 搭配其他品牌的电容笔可以吗？

答：其他的品牌大家也可以尝试选择使用，比如，Walcom 专业手绘板，这也是我个人非常喜欢的设备。不过 Walcom 属于专业绘画和设计领域的硬件设备，对于我们日常绘制思维导图及一些笔记、小图的非专业级输出的朋友来说，iPad 是非常轻型和便利的选择。同时，除了硬件，软件也是非常重要的一个因素。在现阶段，苹果公司的 iPad 可以安装的软件是使用效果最好，并且可以在互联网找到教学资料最多，也便于上手使用的软件。

如果你在使用可以搭配 Apple Pencil 的 iPad，那么不建议你搭配其他品牌的电容笔。不仅是因为同品牌的产品适配效率高、效果好，而且在 iPad 的绘图软件设置中，经常会有对 Apple Pencil 专用功能的设置。比如，在软件 Procreate 中，只针对 Apple Pencil 才有压感设置，这个设置也可以让我们在使用 Apple Pencil 写字、绘图的时候，根据手压力的不同而呈现出不同效果的笔触和线条。这些效果是使用其他品牌的电容笔无法实现的。

需要注意的是，由于 iPad 有非常多的型号，请在购买时确认好是否可以搭配 Apple Pencil，以及可以搭配的是 1 代 Apple Pencil 还是 2 代 Apple Pencil。截至 2022 年 8 月（本书预计出版时间），官方在售 iPad 全系均可配置 Apple Pencil。其中 iPad

Pro、iPad Air 与 iPad Mini 均适配第二代 Apple Pencil，而 iPad 则适配第一代 Apple Pencil。非常推荐需要选购的读者朋友们在购买之前亲自尝试使用。

问题 3：在 iPad 上可以用来做思维导图的软件非常多，应该如何选择呢？

答：在软件部分，我需要从两个方面来说明，分别是思维导图软件和手绘软件。在软件平台上可选的思维导图软件非常多，在使用这类软件的时候，我个人的建议是，虽然思维导图软件可以帮你直接画出线条、文字框、关联线甚至插入插图，但是请读者们仍然保持手绘的思维状态。正如我在前面讲到的几种思维导图的区别，大家在应用思维导图软件的时候，仍然可以选择每一个主干分支为同一种颜色的模板，尽量做到一线一词，随时保持发现关键词之间关联性的敏感度。做到这几点，做出来的电脑软件思维导图就是比较优秀的思维导图。

在这一部分中，我们主要说到电子版手绘思维导图，所以我推荐的软件呈现出来的就是一张干净的画布，像我们准备的一张白纸一样。这类的软件基本都是绘图/绘画软件（本书推荐的绘图/绘画软件均为 iPad 适用的软件，其他品牌的软件、硬件设备不适用）。

首先，我推荐一款免费软件——Paper。由于它是免费的，功能较少，但是比起本形式的文档存储功能及高级的色彩套系都是让人非常喜欢的亮点。但是这个软件只有一层图层，代表着当需要做内容修改的时候，尤其是针对不同的内容交叉的部分，就会不太方便。

接下来，推荐一款我已经使用了 5 年的收费软件——Procreate。从喜爱程度上来说，这是在相同功能领域中我最喜欢的一款软件。这款软件可以实现一步到位的输出：从绘制到图片再到视频。而且这个软件是有图层的，比如，在图 12-7 中，虽然中心图和 3 个主干分支紧密相连，但是它们是在不同的图层上，所以在修改分支的时候，中心图不会受影响，反之亦然。这样会使绘制思维导图的过程变得轻松、高效。当然这款软件有非常强大的功能，在这里我仅推荐大家使用，无法详细说明具体的操作方法。

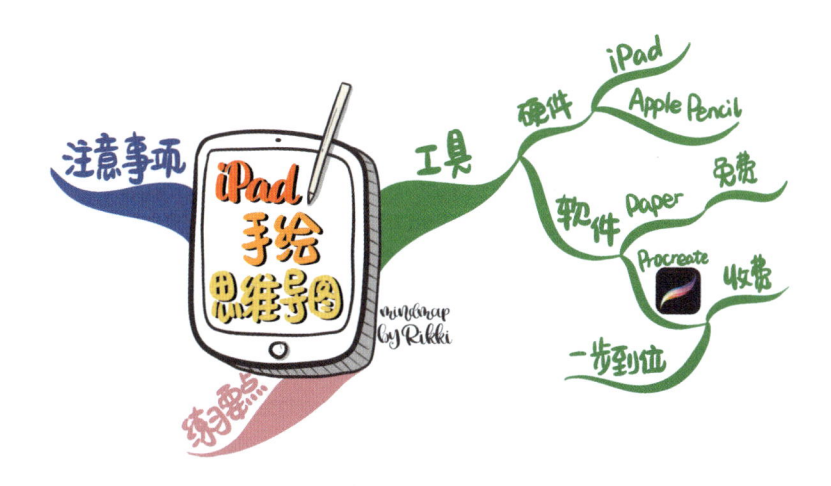

图 12-7　iPad 手绘思维导图的操作技巧之工具

在准备好工具之后，我们来看一下 iPad 手绘思维导图的练习要点，如图 12-8 所示。其中"图像简绘"的部分，建议大家可以在各个互联网平台搜索一些手绘插图进行临摹练习；有关"整体布局"，我们需要做的是，尽量保持布局的均衡，不让图中的某个部分特别拥挤，也不要出现大块的空白。我在第 3 章中讲到绘制技法的时候，带领大家绘制的自我介绍思维导图有 4 个分支，就是在用分支数量帮助大家控制和保持布局的平衡。当大家慢慢熟悉思维导图的绘制之后，可以开始尝试练习绘制不同数量分支的思维导图。至于布局，本书中呈现的思维导图都可以作为大家参考的模板，通过练习你一定能掌握布局部分的技巧。

"分支线条"部分提到了关于 Apple Pencil 的压感效果，本书中我的思维导图作品，只要是电子版手绘思维导图，都是用 iPad+Procreate 绘制的，大家都能看到我充分应用压感功能。除了思维导图的主干分支线条，其他所有分支线条由粗到细都是应用 Apple Pencil 的压感功能完成的，所以是不是在很大程度上提升了做图的便利性和效率呢？

如何用 iPad+Apple Pencil 写出好看的字，是被问到较多的问题之一。不论是用纸笔手绘思维导图，还是用 iPad 绘制思维导图 / 视觉笔记等视觉呈现形式的作品，我都建议遵循"三不"原则。

不连笔。要回归一笔一画的写字方式，对很多人来说，不是一件容易的事。比如，我就是常年写连笔字，有些字甚至已经不会一笔一画来书写了，或写着写着自己就不认识了。但是当你觉得你写的字不够好看的时候，大概是你需要将这张思维导图展示给别人看或发至公众平台展示的时候。那么这时候，就需要用"用户视角"来思考问题：如果你在欣赏一张思维导图，你希望图上的字是什么样的呢？至少是要清晰可见的吧，而每个人写字的风格不同，很难让别人一眼识别，所以好好写字不仅可以让我们做的思维导图更加美观，还是锻炼我们的耐心和同理心的一个好方法。

不甩笔。读者朋友们可以写两个字来感受一下："甩""人"。这两个字的特点就是都有"向外飘"的笔画："甩"字有撇和竖弯钩，"人"字有撇和捺。我们在日常写字的时候，特别容易将这种"向外飘"的笔画甩出去，这样就会显得这个字不够稳定和扎实。要想让你写的字看起来更清晰和好看，可以尝试在每一笔起始和收尾的时候保持同样的力度，看起来整个笔画的粗细一致，而不像思维导图的分支线条一样由粗而细。所以这与我们平时练习钢笔字、毛笔字等书法字体的方式有很大的区别，需要大家特别注意。

不断笔。我们再来尝试写两个字："田""中"。习惯写连笔字的读者朋友们可能分别用一笔就能写完这两个字。我们在这里的要求是"不断笔"，以"田"字为例，它需要工工整整地写一个闭合的框，里面的一横一竖都需要紧挨着四周的框线，不留空。图 12-8 所示的中心图中的"思"字，上半部分是"田"字，大家可以看到结合"三不"原则，这个字写出来是没有连笔和断笔的。"中"字也需要有一个扁扁的闭合的口字框，之后有一竖在中间，注意这一竖也不能甩笔，从上到下都是同样的力度，呈现出同样的粗细程度。

这就是写字的"三不"原则，想要把字写得整齐、好看并且看起来清晰可见，大家可以从以上三个原则开始练起，随时纠正自己的问题，在一定量的练习基础上，一定会有质的变化。

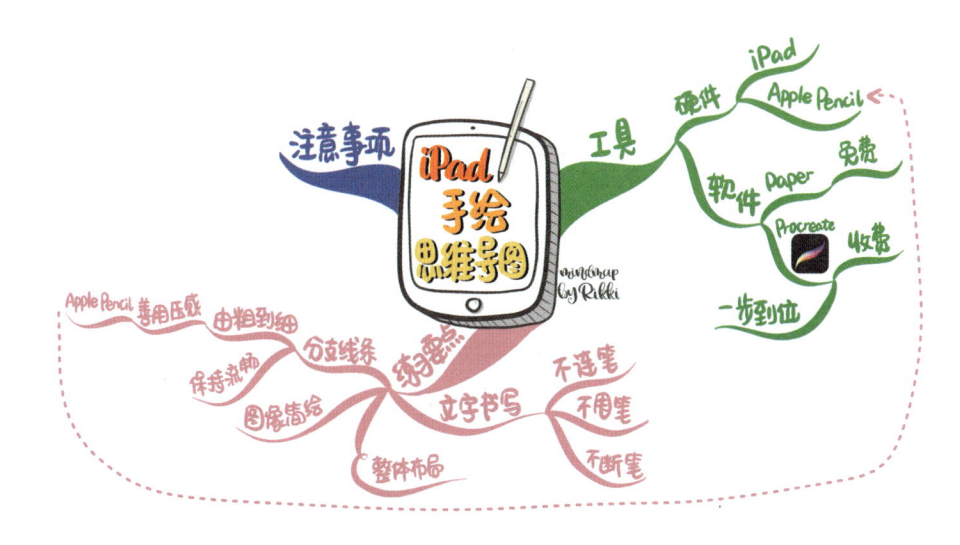

图 12-8　iPad 手绘思维导图的操作技巧之练习要点

最后，我们来看第三个主干分支，也就是用 iPad 手绘思维导图的注意事项，如图 12-9 所示。虽然我们在讲 iPad 手绘思维导图的技巧，但是毕竟只是换了种工具，所有的技法及心法仍然以第 3 章和第 4 章的内容为主，工具的使用只是辅助。所以，注意事项中的其中一个方面就是"类型选择"。

在可以选择类型的情况下，尤其是在需要激发思考的场景中，我的首选推荐的是用纸笔手绘思维导图，在前面我已经讲解了纸笔手绘思维导图是如何激发大脑活力的，所以永远不要低估在白纸上用不同颜色的彩笔写写画画的力量。如果你的思维导图需要呈现在演示文档中，或需要拆开，分步向别人讲解，就如我现在展示的几个步骤的思维导图一样，那么应用电子版手绘思维导图的呈现就是相对便利的。

另外一个要注意的事项，我仍然用"三不"原则进行了总结，分别是"不撤回""不比美"和"不抛弃"。

不撤回。用电子设备的优势和劣势都在于它过于便利。优势前面已经说了很多，这里就不再赘述了，至于劣势也是由于太便利，这是为什么呢？因为只要有画错的部分，随时一个"撤回"就能再做一次，这在纸上是无法实现的，在纸上只能划掉重写或是换张纸重做。但是可以撤回的话就容易让我们产生依赖心理：反正可以撤回，先写吧，不行撤回重写。这样就不利于我们深入思考，如果是在纸上，我们每画出一根分支线条、每写下一个关键词、每画出一条关联线，都需要经过深入思考和慎重考虑，因为我们知道，当落笔之后，要修改就需要进行一些重复的工作或影响美观了。

虽然我还是主张即使错了也完全没问题，至少我们看到自己思维发散的方向，但是对于美观的要求，还是让我们在纸上落笔的时候非常小心。如果我们在 iPad 上绘制，错了就撤回，除了思考的深入程度降低，还无法记录自己的思路更新。所以，哪怕你在用 iPad 绘制的时候，也要让自己像在纸上绘制一样，认真地对待自己的思考过程，认真地对待每一次落笔。

不比美。用 iPad 来绘制思维导图，我们有无限的色彩、笔刷、插图、背景等元素可以选择，对我们来说，是一件相比用纸笔手绘思维导图轻松太多的事情。我们会看到，用 iPad 绘制的非常多的思维导图，视觉的刺激力量是很强大的，所以，在美观的思维导图出现时，大部分人都会说："哇，好好看的思维导图。"从而出现严重忽略图中真正的思维力量的现象。

市面上有一些思维导图看起来非常好看，但内在"营养"并不充足，影响到了思维导图的真实质量。所以我在这里呼吁思维导图的实践者和爱好者们：爱美之心人皆有之，大家都想把思维导图做得美观一些，但我们要知道，**思维导图是一种思维工具，思维的强大才是这份作品真正的力量所在。**

不抛弃。我带过非常多的思维导图学员和参赛选手，也看了很多他们做的思维导图，但是这些思维导图的"高光时刻"就是思维导图绘制完成后被人称赞和拍照的时刻，之后这些思维导图就被束之高阁了。这是一件非常遗憾的事情，本章的主题是做一份给未来的思维导图，我们以后创作的每一份思维导图，都可以带着让它指导和影响未来的思路去创作，**不要抛弃做的每一份思维导图，常看常新，让它们成为与我们的未来相关联的思维导图，让导图思维一直引领着我们前行。**

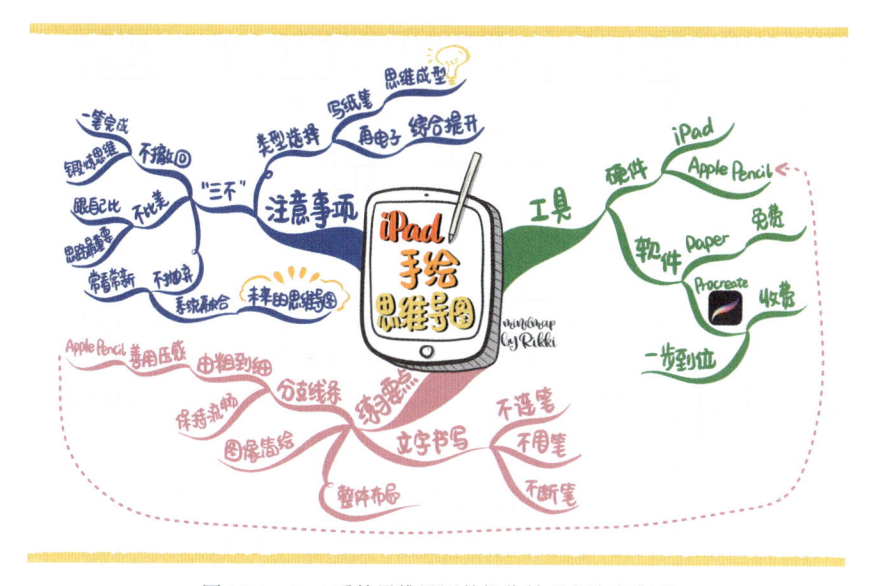

图 12-9　iPad 手绘思维导图的操作技巧之注意事项

期待大家在不断练习绘制思维导图的过程中，应用适合自己绘制思维导图的方式，实现思维导图和导图思维的同步提升！

12.3　本章小结

1. 未来的思维导图是指思维导图中呈现的内容当下还未发生，是一份为将来而准备的、指导未来和启发未来的思维导图。

2. 可持续发展的思维导图是指既能满足当下信息及思维的需要，又能激发后续信息接收和思维发展可能性的思维导图。

3. 可持续性从 3 个方面来体现：信息的可持续性、形式的可持续性及思维的可持续性。

4. 通过对可持续发展的思维导图的应用，我们让任何一种类型的思维导图都不会做完即结束，而是让它们持续发挥作用和影响力，让我们的思维不仅停留在一张张过去的纸上，而是让一份思维导图成为一颗可以指导未来的"启明星"，让我们的思维在通过思维导图系统融合之后得以加强，散发出耀眼的光芒！

5. 纸笔手绘思维导图"过脑"，电脑软件思维导图"过手"，考虑到思维导图是一种思维工具，所以建议采用纸笔手绘思维导图与电子版手绘思维导图，而电脑软件思维导图更加适用于商务场景中的快速信息记录、沟通及呈现。

6. 在当今的科技社会，传播的有效性及绘制效率在提升，于是 iPad 手绘思维导图是一种不错的选择。

后记

对于已经从本书的开头看到这里的你,我要给一个大大的赞!

不论你绘制思维导图的能力如何,至少到现在为止,你已经"植入"导图思维的概念,足够让你的思维导图绘制能力在意识层面提升一个层级。然后带着这样的意识,再去指导思维导图的操作和应用,你的进步将是飞快的。

本书附赠一本《灵感思维笔记本》,里面有我亲笔绘制的思维导图常用场景模板,各位朋友可以自行填色并延展你的思维,让思维导图助力你激发灵感、锻炼思维能力。在应用时,请不要拘泥于模板的限制,可随意增添、修改思维导图的分支,让这种思维工具真正为你所用。《灵感思维笔记本》最后的空白页,留给各位朋友自由发挥,绽放你的思维之花!

本书会提供一个福利,即每位读者朋友均可免费领取我的"思维导图入门线上课(附赠 iPad 手绘思维导图的操作技巧)",只需扫描封底勒口处二维码并关注"视觉思考力"公众号,回复"思维导图入门线上课"即可获取。希望这些课程可以在你的思维导图发展路上,助你一臂之力!